COSMOS STORY 1

우주는
어떻게
시작됐는가

inflation
big bang
expansion

마쓰바라 다카히코 지음
원희영 옮김

리가서재

일러두기

1. 본서의 원서는 『宇宙はどうして始まったのか』(松原隆彦, 光文社)이다.
2. 괄호 [ ]로 표시한 내용은 옮긴이 주이다.

COSMOS STORY 1

우주는 어떻게 시작됐는가

CONTENTS
목차

들어가며
008

제1장:
'우리 우주'에는
시작이 있다
013

1-1: 우주는 영원불변한 존재가 아니다
1-2: 우주의 시작에 대해 생각한다
1-3: 표준빅뱅이론을 신뢰할 수 있는 이유
1-4: 우주 인플레이션

제2장:
'無'로부터의
우주 탄생론
037

2-1: '무(無)'란 무엇인가
2-2: 우주의 경계조건
2-3: 우주의 시작과 '무'
2-4: 우주는 정말 '무'에서 시작되었을까

제3장:
양자론과
우주론
063

3-1: 양자론의 의미
3-2: 고전물리학은 따분하다?
3-3: 양자론은 고전물리학을 뒤엎는다
3-4: 신은 주사위 놀이를 한다
3-5: 중력을 양자화하는 이론은 미완성
3-6: 중력의 양자론을 검증하는 일의 어려움
3-7: 양자우주론

**제4장:
상대성이론과
우주론**

101

4-1: 시간과 공간은 단순한 무대인가

4-2: 아인슈타인의 등장

4-3: 운동의 상대성이란

4-4: 중력이란 무엇일까

4-5: 시공간이 휘어져 있다는 것의 의미

4-6: 중력은 빛을 휘게 한다

4-7: 우주를 모델화하다

4-8: 우주 팽창의 발견과 르메트르

4-9: 우주는 어디를 향해 팽창하는가

**제5장:
소립자론과
우주론**

147

5-1: 소립자론을 우주론에 응용하다

5-2: 빅뱅이론과 원자핵 물리학

5-3: 현재의 우주에 있는 다양한 원소의 기원

5-4: 3중 알파반응의 기발함

5-5: '인간원리'란 무엇인가

5-6: 소립자론에서 보는 다중우주

5-7: 우주론에서 말하는 다중우주

CONTENTS

**제6장:
우주의 시작에
답은 있는가**
189

6-1: 우주의 시작이라는 의문

6-2: 휠러의 '참가형 우주'

6-3: 호킹의 '톱-다운형 우주'

6-4: 휠러와 다(多)세계 해석

6-5: 우주관(宇宙觀)은 돌고 돈다

6-6: 정보와 우주

6-7: 플랑크톤이 매우 똑똑하다면.

맺는말
250

참고문헌
256

들어가며

만약 '세계의 3대 의문'이라는 것이 있다면, '우주의 시작'에 관한 의문이 그중 하나로 꼽힐 것이다. 이 세상에는 무수히 많은 의문이 있지만, 그것들에 대한 답을 찾다 보면 결국은 시간을 거슬러 올라가게 된다. 만물에는 원인과 결과가 있고, 원인은 결과보다 앞선 시간에 있다. 이렇게 시간을 점점 거슬러 가다 종국적으로 마주하게 되는 것이 '우주의 시작'이다. 그런 점에서 우주의 시작은 이 세계의 모든 의문이 응축된 지점이라고 할 수 있다.

본서에서는 '우주의 시작'이라는 이 장대한 주제를, 현대우주론의 관점에서 생각하려고 한다. 하지만 먼저, 우주의 시작이라는 불가사의는 현대우주론에서도 완전하게 해결하지 못한 상태라는 걸 밝혀두고 싶다. 이 책을 다 읽더라도 어떻게 우주가 시작되었는가에 대한 확실한 답은 얻을 수 없다는 말이다.

하지만 우주의 시작에 관한 수수께끼가 모두 풀려서 거기에 대해 더는 궁금해하고 숙고해 볼 필요가 없는 상황은 독자 여러분도 원하지 않으리라고 본다. 우주가 매력적인 까닭은 베일에 싸여 있기 때문이 아닐까. 우주의 수수께끼가 모두 해명돼 버린다면, 여태까지 열심히 응원해왔던 운동선수가 갑자기 은퇴해 버리는 상황과는 비교할 수 없을 정도로 허탈하지 않을까.

우주의 시작에 관한 불가사의는 너무나 깊어서 당분간 그런 허탈감에 빠질 가능성은 없으니 충분히 안심해도 좋다. 수수께끼는 수수께끼로서 즐길 때 즐거움이 배가된다. '우주의 시작이라는 수수께끼는 어떤 모습을 하고 있을까, 일상의 고민 따위는 잠시 제쳐두고 그 수수께끼를 생각하며 즐기고 싶다'는 독자들이 이 책을 읽으면 좋을 것 같다.

이 책은 '우주의 시작'을 키워드로 삼아, 현대우주론에서는 그 문제를 어떻게 다루고 있는지에 중점을 두고 쓰였다. 또 흔히 보는 과학해설서와는 조금 다른 서술방식을 취했다. 대개의 과학해설서는 최신 연구 결과나 이론적인 가설 등을 알기 쉽게 설명하기에 초점을 맞추는 경우가 많지만, 이 책은 첨단의 연구를 해설하기보다 이런저런 주장이나 이론들을 비판적으로 들여다보고 여러 가지 다른 가능성도 생각하면서, 에세이나 수필 같은 분위기가 되도록 노력했다. 앞에서 얘기했듯이 우주의 시작에 대해서는 아직 확실한 답이 나와 있지 않으므로 이런 방식이 적절하리라 여겨졌기 때문이다.

우주의 시작이라는 문제를 탐색해 가는 우리 앞에는 과연 무엇이 기다리고 있을까. 그런 기대감을 품고서, 시간여행을 떠나보자.

제1장
'우리 우주'에는 시작이 있다

1-1: 우주는 영원불변한 존재가 아니다

1-2: 우주의 시작에 대해 생각한다.

1-3: 표준빅뱅이론을 신뢰할 수 있는 까닭

1-4: 우주 인플레이션

1-1:
우주는 영원불변한 존재가 아니다

우주는 팽창하며 서서히 변해간다

우주는 약 138억 년 전에 '빅뱅'으로부터 시작되었다. 여러분은 '빅뱅'이라는 말을 들어본 적이 있을 것이다. 빅뱅이란 우주 초기의 대폭발을 말하는 것으로, 그때의 우주는 우리가 사는 지금의 우주와는 전혀 다른 모습이었다. 우주가 탄생한 직후에는 우주 전체가 뜨거운 불덩이 같은 상태였다. 이때의 대폭발 여파로, 우주는 계속 팽창하게 되었고, 팽창과 더불어 뜨거웠던 우주가 서서히 식어가면서, 약 138억 년이 걸려 지금의 우주가 되었다.

우리 우주가 이와 같은 식으로 만들어졌다고 보는 이론을 '표준빅뱅이론'이라고 한다. 이 이론으로 우주의 다양한 특성을 계산해 보면 지금까지 얻어진 많은 관측 사실과 놀라울 정도로 맞아 들어가기 때문에, 표준빅뱅이론은 현재 거의 의심의 여지가 없을 정도로 받아들여지고 있는 성공적인 이론이다. 빅뱅이론이 옳다면, 우주는 시간과 더불어 변화하며, 영원불변한 존재가 아니라는 말이 된다.

빅뱅이론이 확립되기 전까지는, 우주 전체를 거시적으로 보면 영원불변한 존재라고 믿었다. 하지만 현대우주론은 수많은 증거를 통해, 지금과 같은 상태의 우주가 영원히 계속됐다는 우주관은 사실과 모순된다는 걸 밝혀주었다 [우주의 영원불변을 따질 때, 별이나 태양계, 은하 등의 변화는 고려하지 않는다. 이런 천체들은 시시각각 움직이고 변하고 있지만, 우주 전체를 놓고 보면 점으로 취급해도 좋을 정도로 미미하기 때문이다].

우주가 영원불변하지 않다는 말은, 우리가 알고 있는 우주의 모습에 시작이 있었다는 뜻이다. 또 우주는 팽창을 계속하면서 조금씩 모습을 바꿔가고 있으므로, 긴 안목으로 보면 지금의 우주도 일시적일 뿐 결국 다른 모습으로 변하게 된다는 뜻이기도 하다.

과학자도 영원불변한 우주에 끌렸다

우주가 영원불변하지 않다는 말을 들으면 누구나 썩 달갑지는 않을 것이다. 우리 인간에게는 영원을 믿고 싶은 마음이 무의식중에라도 있는 것이 아닐까. 인생이 제행무상[諸行無常. 우주 만물은 늘 돌고 변하여 한 가지 모양으로 머물러있지 않는다는 불교사상]의 변화를 피할 수 없다면, 하다못해 우주만이라도 영원불변한 존재가 돼 주기를 바라는 마음이 있는 것 같다. 그래서 우주도 시간과 더불어 변한다는 말을 들으면 "우주여, 너마저…"라며 실망하는 게 아닐까.

우주가 영원불변하기를 바라는 심정은 과학자라고 해서 크게 다르지 않다. 실제로 우주는 영원불변한 존재라고 믿었던 과학자들이 꽤 있었다. 저 유명한 천재 물리학자 알베르트 아인슈타인(Albert Einstein, 1879~1955년)도, 관측을 통해 우주가 팽창한다는 사실이 확인되기 전까지는 우주의 영원불변을 믿었던 과학자 중 한 명이었다. 자연이란, 인간이 그래 주면 좋겠다고 희망하는 대로 존재하지는 않는 것 같다.

사실 20세기 말까지도 빅뱅은 없었다고 목소리를 높여 주장하는 과학자들이 소수파지만 여전히 남아 있었다. 당시에는 그들의 주장에도 나름 검토해볼 만한 여지가 조금은 있었다. 하지만 21세기 들어 우주에 대한 관측 기술이 어마어마할 정도로 발전했고, 그렇게 얻어진 정밀한 관측 자료들은 빅뱅은 없었다는 소수파들의 주장을 완전히 침묵시켰다.

'제행무상'은 우주에도 해당된다

이 세상에서 일어나는 모든 일에는, 시작이 있으면 끝이 있다. 만물은 '제행무상'인 것이다. 지금 독자 여러분은 필자가 쓴 제본된 책을 읽고 있을 텐데, 그 책은 필자가 지금 여기서 원고를 쓰고 있을 때는 존재하지 않았다. 필자가 원고를 다 쓴 다음 독자의 손에 책이 들어갈 때까지의 중간 단계 어딘가에서 이 책은 태어났다. 이전에는 책의 형태를 띠지 않은 채 종이와 잉크, 혹은 그것들의 원재료 형태일 따름이었다. 그 책은 앞으로 어떤 운명을 맞게 될까. 언제가 됐든 결국엔 독자의 손을 떠나게 되고, 필자에게는 슬픈 일이지만 태워져 재가 될 수도 있고, 비바람에 풍화된 끝에 먼지가 되어 땅으로 돌아가게 될 것이다.

이처럼 이 세상에서 영원히 같은 형태를 유지하는 것은 없다. 인간에게 영원한 것처럼 보이는 것도, 변화에 오랜 시간이 걸릴 뿐 결국에는 끝이 온다. 자신의 삶이 영원히 계속되기를 욕망해도 부질없는 공상일 뿐이듯, 우주에 대해서도 그렇게 말할 수 있다.

1-2:
우주의 시작에 대해 생각한다

우주는 왜 태어났을까

우주에 '시작'과 같은 것이 있다는 말을 들을 때 당혹스럽게 느껴지는 까닭은, 그렇다면 그 시작은 왜 일어났느냐는 의문이 바로 들기 때문이다. 표준빅뱅이론은 우주가 시작된 원인에 대해서는 우리에게 알려주는 바가 없다. 빅뱅이라는 대폭발이 왜 시작되었냐고 물어도 표준빅뱅이론의 틀 내에서는 답을 줄 수가 없다. 우주가 영원불변하다면, 시작에 관한 의문은 생기지 않는다. 우주가 무한한 과거로부터 같은 모습으로 계속 존재하고 있다면, 왜 영원불변한 우주가 존재하느냐는 의문은 생기겠지만, 원인을 알 수 없는 우주의 시작에 대해서 생각하는 것보다는 다소 안심이 된다. 하지만 우주에 원인불명의 시작이 있다고 하면 왠지 마음이 안정되지 않는다. 자신이 딛고 있는 발판이 갑자기 사라져 버린 것 같은 느낌이 든다고 할까. 이럴 때 마음의 안정을 찾는 가장 좋은 방법은 신이 우주를 만들었다고 믿고, 더는 생각하지 않는 것일지도 모른다. 그러나 그 신은 어디서 온 것일까, 라는 의문이 고개를 들게 된다. 이런 식으로 계속되는 의문의 고리를 단칼에 끊기는 쉽지 않다.

아우쿠스티누스의 '고백'

우주의 시작을 설득력 있게 설명하는 것은 종교에서도 힘든 일인가 보다. 구약성서의 <창세기> 첫머리에는 '태초에 하나님이 천지를 창조하사'라는 말이 나온다. 기독교 신자 중에도 이 문장을 읽고 이해되지 않은 사람이 있었던 듯, '하나님은 천지를 창조하기 전에는 무엇을 하고 계셨지?'라는 의문을 표하는 이들이 있었다 한다. 거기에 대한 답은 성서에도 나오지 않아, 결국 '그러한 의문을 품는 이들을 위해 지옥을 준비하고 계셨지'라며 얼버무렸다고 한다.

초기 기독교의 신학자이자 철학자였던 아우구스티누스(354~430년)는 유명한 저서 『고백록』에서 이 문제를 다루었다. 그는 모르는 것은 모른다고 솔직하게 밝히면서, 신(하나님)이 천지창조 이전에 무엇을 하고 있었을지에 대해 숙고했다. 그 결과 하나님이 시간을 만드셨기 때문에 천지창조 이전에는 흐르는 시간 자체가 없었고, 따라서 천지창조 이전에는 하나님이 무엇을 했는지 생각하는 것 자체가 의미가 없다는 결론에 이르렀다.

일상생활에서는 시간이란 당연히 존재하는 대상이다. 하지만 신이, 시간이 없는 상태에서 시간이 있는 상태를 만들어냈다는 건 대체 어떤 의미인가. 이 문제를 생각하다 보면 과연 시간이란 무엇인가라는 의문이 자연스럽게 든다. 아우구스티누스에게도 그것은 큰 의문이었던 듯 『고백록』에서 시간에 관한 문제를 자세히 검토했다. 하지만 숙고 끝에 내놓은 결론은, 시간이란 무엇인지 잘 모른다는 거였다. 그는 『고백록』에서 '아무도 나에게 시간이란 무엇이냐고 물어보지 않는 한, 나는 시간을 알고 있다. 그러나 누군가에게 시간을 설명하려고 하면, 나는 시간을 모른다'라는 유명한 말을 남겼다.

아우구스티누스에 따르면, 신은 시간의 흐름을 초월한 존재이고, 천지를 창조하면서 동시에 시간도 창조했다. 어떻게 그런 일이 가능할까. 아우구스투스는 이에 대해 그저 놀랍고 경이로울 뿐이라고 말한다. 시간에 속박된 우리 인간은 시간을 초월한 상태가 어떤 것인지 상상할 수가 없기 때문이다. 결국 아우구스티누스는 인간의 지적 능력을 초월한 존재인 신에게 모든 것을 의탁할 수밖에 없었고, 자신의 추론도 거기서 마침표를 찍어야 했다.

만물의 원인은 어디에 있나

모든 일과 사물에는 원인이 있다고 생각하고 그 원인을 계속 추적해 갈 때, 최후에 도달하는 곳은 어디일까. 모든 사건에는 원인과 결과가 있고, 원인이 되는 사건은 결과보다 앞서 일어나야 한다. 또 그렇게 찾은 원인은, 더 전에 일어났던 다른 일의 결과이다. 따라서 이 세상에서 일어나는 일과 사물의 원인을 찾아간다는 것은 시간을 거슬러 올라가는 것과 같다. 이런 식으로 점점 시간을 거슬러 가면 결국 만물의 원인은 '우주의 시작'에 있다는 결론에 이른다.

따라서 우주가 시작된 원인을 모른다는 건, 이 세상 만물에 대한 근본적인 원인을 모른다는 말과 같다. 이래서는 왠지 불안한 느낌을 떨칠 수 없는 것도 당연하다. 아우구스티누스가 신에게 모든 것을 의탁하게 된 것도 무리가 아니다. 그렇지만 과학이 이토록 발달한 현대에 사는 우리는, 객관적인 과학적 사실에 기대야 하지 않겠는가.

1-3:
표준빅뱅이론을 신뢰할 수 있는 이유

'정밀 우주론'의 시대

우주 자체를 과학적으로 탐구하는 분야를 '우주론'이라고 하며, 지금은 어엿이 물리학의 한 분야로 자리 잡았다. 현대물리학은 세상의 모든 현상에는 원인이 있다는 사실을 객관적으로 밝혀왔다. 예컨대 우리가 알고 있는 물질은 모두 물리법칙에 따라 운동한다. 기본적인 물리법칙에는 예외가 없다. 물리학적으로 해명된 현상에 국한하면, 처음에 주어진 조건(초기 조건)만 알면 이후에 어떤 결과가 얻어질지를 물리법칙을 통해 예측할 수 있다. 물리학을 공부해 보면, 기본적인 물리법칙만큼 예측 능력이 뛰어난 건 없다는 걸 알게 된다. 모든 물질현상은 예외 없이 물리학의 기본 법칙을 따른다. 이것은 대단히 놀라운 일이 아닐 수 없다. 물리학을 배우면 배울수록 이런 경이로움을 점점 더 느끼게 된다.

표준빅뱅이론은 이처럼 정밀한 현대물리학에 기초해서 만들어졌다. 빅뱅이론이 가설로서 예측한 것은 실제로 관측된 데이터와 놀라울 정도로 일치한다. 어찌 이토록 잘 맞아 들어갈까 싶을 정도로 많은 관측 결과에 대해 꽤 세부적인 부분까지 모순 없이 설명된다. 우주 관측 기술은 하루가 다르게 어마어마한 속도로 발전 중이다. 과거의 우주론은 오차가 크고 많지도 않은 관측 결과에 의존한 탓에, 우주론만큼 조잡한 분야도 없다는 놀림을 받은 적도 있었다. 이제 그런 시절은 완전히 막을 내렸다. 지금은 '정밀 우주론'이라고 당당히 불린다. 여기서 '정밀'하다는 건 소수점 이하 몇 자리까지의 정확도를 가지고, 이론적으로 예측한 결과와 관측 결과를 비교한다는 뜻이다. 현대의 우주론은 정밀하면서도 실증적인 과학이 되었고 토대는 튼튼하면서도 확고하다.

'정지우주론'과 '정상우주론'

표준빅뱅이론은 경쟁하던 다른 많은 이론을 제치고 정밀 우주론의 시대를 살아남았다. 아직 은하계의 존재에 대해서도 제대로 몰랐던 시절에는, 우주가 전체적으로 팽창하거나 수축하지 않는다고 본 '정지우주론'이 대세였다. 근대물리학의 창시자인 뉴턴과 현대물리학의 창시자인 아인슈타인도 자신들이 만든 이론에 기초해 정지우주론을 내세웠다. 그러나 관측을 통해 우주 공간이 실제로는 팽창하고 있다는 사실을 알게 되면서, 정지우주론은 실제 우주와는 모순된다는 판정을 받았다.

'정지우주론'이 부정되자 이번에는 우주가 팽창하면서 동시에 영원불변한 모습을 유지한다는 '정상(定常)우주론'이 대두했다. 상식적으로 생각하면, 우주 공간이 팽창하면 그 안에 있는 물질의 밀도가 희박해져서 우주가 같은 모습을 유지할 수 없다. 영원불변할 수가 없는 것이다. 그래서 정상우주론은 우주를 영원불변하도록 만들기 위해, 일정한 비율로 우주 공간에서 물질이 생겨나고 있다고 주장했다. 공간의 팽창으로 물질의 밀도가 희박해져도 그 양만큼 보충하는 물질이 새로 공간에 생기면 우주의 상태가 변하지 않은 채 그대로 유지되기 때문이다. 이처럼 정상우주론은 우주가 계속 팽창하지만, 전체적으로는 영원불변한 상태에 있다고 보았다. 1950년대까지도 정상우주론은 표준빅뱅이론의 유력한 대항마로서 인기를 얻었다. 하지만 이후 발견된 새로운 관측 사실들을 설명하지 못하면서 빅뱅이론에 무릎을 꿇었다.

거듭 말하지만, 거시적인 관점에서 봤을 때 우주가 영원불변하지 않다는 건 더는 뒤집을 수 없는 확실한 사실이다. 망원경으로 우주 공간을 볼 때, 거리가 멀면 멀수록 빛이 지구에 도달하는 시간이 길고, 그만큼 더 먼 과거의 우주를 보는 셈이 된다. 현대의 관측 기술로는 100억 년 이상 먼 과거의 우주를 망원경으로 직접 볼 수가 있다. 이런 관측을 통해 과거의 우주는 지금의 우주와는 확연히 달랐다는 걸 알게 되었다.

정상우주론이 관측을 통해 부정되기 전까지는, 영원불변한 우주를 희망하면서 빅뱅이 있었다는 사실을 원하지 않았던 연구자도 많았다. 하지만 결국 현실의 우주와 일치한 것은 빅뱅이론이었다. 우주의 모습은 사람들이 기대하는 대로 생기지는 않은 것이다.

빅뱅이론은 우주의 시작을 설명하지 않는다

표준빅뱅이론은 우주가 초기에는 뜨거운 불덩이 같은 상태였다는 전제 위에 세워진 이론이다. 일단 그 전제를 받아들이면, 이후에 우주가 어떻게 변해갔는지를 이론적으로 계산할 수가 있다. 일반상대성이론이나 소립자론 같은 현대물리학을 이용하면, 우주에 관해 꽤 세세한 부분까지 계산할 수 있다. 이 계산 결과를 실제 관측 결과와 비교하면 놀라우리만큼 정확히 일치한다. 이로써 초기 우주가 뜨거운 불덩이 같은 상태였다고 확실히 말할 수 있게 되었다.

그러면 우주 초기의 그 뜨거운 불덩이 같은 상태는 왜 출현했던 것일까. 그 이유에 대해서는 앞에서 이야기했듯이 표준빅뱅이론도 답을 줄 수가 없다. 현재 과학적으로 다양한 가능성이 연구되고 있지만, 아직 옳다고 인정된 정설은 없다. 여러 가지 아이디어들이 각축을 벌이는 유동적인 연구 분야라고 할 수 있다. 과연 인간은 우주의 시작이라는 문제에 대해 어디까지 다가갈 수가 있을까.

1-4:
우주 인플레이션

두 가지 의문을 푸는 유망한 이론

우주가 어떻게 시작되었는지를 다루는 이론 중 기대를 모으는 것으로 '우주 인플레이션' 이론이 있다. 급팽창이론이라고도 한다. 인플레이션은 경제용어로서 물가가 급상승하는 현상을 말한다. 예를 하나 들어보면, 21세기 초에 아프리카의 짐바브웨공화국에서 일어난 인플레이션은 매우 혹독했다. 정부가 돈을 마구 찍어내는 바람에 물가가 폭등해 심할 때는 한 달 사이에 10억 배가 뛰기도 했다. 이것은 물가가 매일 거의 두 배씩 올랐다는 뜻이다. 통화 단위를 내리는 디

노미네이션을 몇 번이나 단행했지만 역부족이어서 100조짜리 지폐가 등장할 정도였다. 거리에는 지폐가 넘쳐났고, 화장실에는 '지폐를 화장지 대신 사용하지 마세요'라는 안내문이 붙을 정도였다.

이처럼 인플레이션은 물가가 비정상적인 속도로 급격히 오르는 것을 가리키는 경제용어이다. 우주론에서 말하는 인플레이션은, 우주 초기에 우주의 크기가 급팽창한 현상을 말한다. 지금도 우주가 팽창하고 있지만, 우주가 막 시작되었을 무렵에는 지금과는 비교할 수 없을 정도의 기세로 급격히 팽창했다고 보는 것이 우주 인플레이션 이론이다. 이렇게 급팽창한 시기를 '인플레이션 기(期)'라고 부른다. 이 이론에 따르면, 우주가 급팽창한 기간은 지극히 짧다. 하지만 팽창이 너무나 급격히 이루어진 나머지 우주의 크기가 그 짧은 시간 동안 믿을 수 없을 정도로 커졌다. 그리고 인플레이션이 끝난 뒤, 우주는 뜨거운 불덩이 같은 상태가 되어 표준빅뱅이론으로 기술되는 우주로 이어졌다[인플레이션은 우주가 탄생한 뒤 10^{-36}초 후에 시작해 10^{-34}초에 끝난다. 이 찰나와도 같은 시간 동안 우주가 10^{43}배나 커진다. 인플레이션은 열에너지(잠열)를 남기고 순식간에 끝나는데, 이 뜨거운 열에너지를 이용해 '빅뱅'이라는 우주 팽창이 (인플레이션에 비해) 서서히 일어난다. 또 이 빅뱅 우주에서는 처음 3분간 원소 합성(빅뱅원소합성)이 일어나 수소와 헬륨이 만들어지게 된다].

우주 초기에 인플레이션이 있었다고 가정할 때 유리한 점은 무엇일까. 그것은 표준빅뱅이론으로는 부자연스럽게 설명되는 우주 초기 상태를, 인플레이션 이론이 어느 정도 자연스럽게 설명해 준다는 점이다. 이 우주가 지금과 같은 크기의 공간으로 넓혀질 수 있었던 까닭은 무엇인가, 또 우주가 어디에서나 같은 상태를 유지하고 있는 까닭은 무엇인가라는 두 가지 의문이, 우주 초기에 인플레이션이 있었다고 가정하면 자연스럽게 풀린다. 급팽창 덕분에 우주의 크기가 크게 확장되었고, 동시에 광범위한 범위에 걸쳐 우주가 같은 상태를 유지할 수 있었기 때문이다.

인플레이션 이론은 아직 완성된 이론은 아니다. 인플레이션이 왜, 어떻게 일어났는지에 대해 여러 가능성이 제기되고 있지만, 아직 확실한 논거는 없다. 따라서 인플레이션 이론은 하나의 확정된 이론이 아니라, 큰 틀에서는 동의하더라도 세부적인 부분에 들어가면 서로 다른 주장들이 다투는 상태이다.

또 인플레이션 이론으로 관측된 우주의 특성을 간접적으로 설명할 수는 있지만, 인플레이션이 실제로 있었다고 단정할 수 있을 정도로 직접적인 증거는 아직 없다. 그렇지만 인플레이션 이론이 매우 매력적인 이론인 것만은 분명하다. 인플레이션이 실제로 일어났는지를 관측된 사실을 토대로 밝혀내는 것은 현대우주론의 중요한 과제 중 하나이다.

빅뱅과 인플레이션, 어느 쪽이 먼저인가

만약 인플레이션 이론이 옳다면, 빅뱅과 인플레이션 중 어느 쪽이 먼저 일어났는가. 이것은 우주론에 흥미를 느끼는 일반 독자들이 몹시 궁금해하는 부분인 것 같다. 게다가 우주론을 다룬 해설서마다 서로 다르게 기술돼 있어 혼란스럽게 느끼는 독자들도 많다. 필자도 일반인 대상의 강연회에서 가끔 이와 관련된 질문을 받곤 한다.

사실은 '빅뱅'이라는 단어 자체가 우주의 어떤 시기를 가리키는지 엄밀히 정의돼 있지 않기 때문에, 이 질문은 별 의미가 없다고 할 수 있다. 만약 '빅뱅'을 시간과 공간이 탄생한 시점이라고 정의하면, 빅뱅은 인플레이션보다 앞서 일어난 게 된다. 인플레이션이란 이미 존재하고 있는 상태의 공간을 급팽창시키는 현상이기 때문이다.

그러나 연구자들 사이에서는 표준빅뱅이론에서 말하는 최초의 뜨거운 불덩이 같은 상태를 '빅뱅'이라고 부르는 이들도 많다. 이 경우는 인플레이션이 우주 초기의 뜨거운 불덩이 같은 상태를 만들어 냈기 때문에, 인플레이션이 빅뱅보다 먼저 일어난 게 된다. 즉 빅뱅과 인플레이션 중 어느 쪽이 먼저 일어났는가, 라는 문제는 무엇을 빅뱅이라고 보느냐에 따라 답이 달라진다. 단순한 언어의 문제에 불과한 것이다.

언젠가 일반인 대상 강연회에서 이런 질문을 받았을 때, 필자는 인플레이션 이후를 빅뱅이라고 부르는 경우가 많다고 답했다. 그러자 질문을 한 사람과는 다른 참가자가 "우주가 시작된 때가 빅뱅이기 때문에 그런 답변은 이상합니다"라고 발끈하면서 따지는 것이었다. 이 참가자는 '빅뱅은 우주가 시작된 시점'이라고 쓴 해설서를 읽었을 것이다. 대중과학서는 내용을 쉽게 전달하기 위해 설명을 단순화하는 경우가 많다. 알기 쉽게 전달하는 것은 좋은 일이다. 하지만 그 과정에서 정확함이 희생되는 경우가 가끔은 있는 것 같다.

용어의 정의가 애매한 이유

'빅뱅'이라는 용어의 정의가 애매한 데는 이유가 있다. 표준빅뱅이론이 나왔을 때, 우주 초기의 뜨거운 불덩이 같은 상태를 '빅뱅'이라고 불렀다. 우주가 시작된 순간이 아니라, 우주가 엄청나게 뜨거웠던 최초의 몇 분간을 '빅뱅'이라고 불렀다. 예를 들어, '빅뱅원소합성' ['빅뱅핵합성'이라고도 한다]이라는 용어를 보자. 이것은 우주가 시작된 뒤 최초의 몇 분 사이에 수소나 헬륨 같은 가벼운 원소가 만들어진 현상을 말한다. 이 용어에서 사용된 '빅뱅'도 분명히 우주가 시작된 순간이 아니다.

그런데 일반인을 대상으로 할 때는 우주가 시작된 순간을 '빅뱅'이라고 소개하는 경우가 많다. TV 프로그램 등에서도 자주 보인다. 하지만 우주론 연구자들 사이에서는 대개 인플레이션 이후의 뜨거운 불덩이 상태를 '빅뱅'이라고 부르는 경우가 많다. 연구자들은 우주가 시작된 순간을 가리키는 용어로 '빅뱅' 대신 '초기특이점'이라는 말을 더 많이 쓴다. '특이점'이란 수학 용어로서, 시간과 공간 개념이 적용되지 않는 지점을 가리킨다. 일반인이 이해하기 쉽지 않은 용어여서 대중해설서들은 '빅뱅'이라고 부르는 편이 더 간단하다고 느끼는지도 모른다.

사실은 연구자들 사이에서도 '빅뱅의 시점'이 언제를 가리키는지, 용어 사용법이 통일돼 있지는 않다. 무엇을 '빅뱅의 시점'이라고 할지, 모두가 일치해서 사용하는 정의가 없다는 뜻이다. 하지만 연구 현장에서 이것은 별로 중요하지 않다. 단지 용어 사용법의 문제일 뿐, 토론하고 연구 결과를 교환하는 과정 즉 커뮤니케이션에 오해가 생기지 않으면 별문제로 느끼지 않기 때문이다.

여담이지만, 연구가 발전하면서 같은 용어라도 뜻이 미묘하게 변하는 경우가 적지 않다. 어떤 공적인 기관이 있어서 전문용어를 정의해주는 것이 아니다. 오히려 공적인 기관이 나서면 상황이 더 나빠질 수도 있다. 최첨단 연구일수록 연구가 진척되면서 용어가 가진 의미가 변하기 쉽다. '빅뱅'은 어느 시점을 가리키는가라는 용어의 문제가 생기는 까닭도, 인플레이션 이론이나 우주 초기에 관한 여러 연구가 현재 역동적으로 발전하는 과정에 있기 때문이기도 하다.

이 책에서는 우주 초기의 뜨거운 불덩이 같은 상태를 '빅뱅'이라 부르기로 한다. 애매한 사용법인 '빅뱅의 시점'이라는 단어는 사용하지 않겠다. 이렇게 용어를 사용하면 인플레이션의 결과로서 생긴 것이 빅뱅이 된다. 물론 우주의 참된 시작은 인플레이션 이전에 일어났으며, 그것을 빅뱅이라고 부르지는 않겠다. 결론적으로 빅뱅이라고 하면, '뜨거운 불덩이 같은 상태의 우주', '팽창하고 있는 우주에 대해서 시간을 거슬러 올라갔을 때 도달하게 되는, 아주 작고 뜨거운 상태의 우주'를 떠올리면 된다.

인플레이션도 우주의 시작을 설명하지 못한다

아무튼 인플레이션 이론은, 표준빅뱅이론이 기술하는 우주보다 시간상으로 앞서 일어난 현상을 설명한다. 또 인플레이션이 시작되기 전부터 이미 우주는 존재하고 있었다고 전제하기 때문에 우주가 시작되고 난 이후의 일을 탐구하는 이론이다. 인플레이션 시기가 끝난 후, 뜨거운 불덩이 같은 상태[빅뱅]의 우주가 되었고, 빅뱅 우주가 계속 팽창하고 온도가 내려가면서 지금의 우주가 되었다고 보는 것이 인플레이션 이론이다.

따라서 인플레이션 이론도 우주가 왜, 어떻게 존재하게 되었는지는 설명하지 못한다. 인플레이션 이론은 어디까지나 빅뱅 이전 단계를 설명하는 이론일 뿐, 시공간 자체의 기원에 대해서는 알려주는 바가 없는 것이다. 우주의 팽창이 어떻게 진행되었는지는 일반상대성이론으로 설명할 수 있다. 아인슈타인이 만든 일반상대성이론은 시간과 공간이 어떻게 작용하는지를 기술한다. 따라서 인플레이션 시기에 일어난 공간의 급팽창도 일반상대성이론의 원리로 기술할 수 있다고 본다.

우주가 지금처럼 광대하게 펼쳐질 수 있었던 것은 빅뱅이 일어난 시기, 즉 빅뱅 우주에서 최초의 팽창이 충분히 빠른 속도로 일어났기 때문이다. 만약 빅뱅 우주에서 최초의 팽창이 실제로 일어난 것보다 조금이라도 더딘 속도로 일어났다면, 우주는 자체 중력의 무게로 인해 곧장 찌부러졌을 것이다. 하지만 우주 초기에 [빅뱅이 일어나기 전에] 인플레이션이 일어났다고 가정하면, 우주가 찌부러지지 않고 지금처럼 충분히 오랫동안 살아남을 수 있기 위해 필요한 팽창 속도를 필연적으로 가질 수밖에 없다는 계산 결과를 얻을 수 있다.

반면 인플레이션 이론의 도움 없이 표준빅뱅이론만으로 계산하면, 빅뱅 우주에서 최초의 팽창 속도가 어느 정도였는지를 알 수가 없다. 최초에 어떤 속도로 팽창을 했다고 해도, 이론적으로는 모순이 생기지 않기 때문이다. 즉 표준빅뱅이론에만 의존하면, 지금과 같은 우주가 될 수 있었던 것은, 수많은 가능성 중에서 '우연히' 적절한 속도로 팽창했기 때문이라고 밖에 설명하지 못한다. 하지만 인플레이션이 있었다고 가정하면, 우연히 그렇게 된 것이 아니라 '필연적으로' 그런 속도를 가질 수밖에 없었다는 결론이 나온다. 이렇듯 이론적인 우연성(임의성)을 크게 줄여주었기 때문에 과학자들은 인플레이션 이론을 훌륭한 이론으로 받아들이고 있다.

제2장
'無'로부터의
우주 탄생론

2-1: '무(無)'란 무엇인가
2-2: 우주의 경계조건
2-3: 우주의 시작과 '무'
2-4: 우주는 정말 '무'에서 시작되었을까

2-1:
'무(無)'란 무엇인가

우주가 없는 상태인가?

여러분은 우주가 '무'에서 시작되었다는 말을 들은 적이 있을 것이다. 우주의 탄생을 다룬 책에는 이런 이야기가 거의 빠지지 않고 들어가 있는 것 같다. 우주가 무에서 시작되었다는 건 하나의 가설일 뿐 정립된 학설은 아니다. 하지만 우주의 시작을 과학적으로 기술할 가능성이 언급되고 있다는 점만으로도 사실은 놀라운 이야기가 아닐 수 없다.

우주가 무에서 시작되었다는 말을 들었을 때 그것이 갖는 의미를 이해할 수 있는 사람이 얼마나 될까. 거의 없을 것이라고 단언한다. 더구나 예비지식이 없는 상태에서 이런 이야기를 듣고 완전히 이해하는 건 있을 수 없다고 본다.

대체 '무'란 무엇일까. 우주가 무에서 시작되었다면 '무'는 우주를 초월한 존재가 되어야 할 것 같다. 하지만 무, 즉 '없다'는 건 존재하지 않는 게 아닌가. 그렇다면 '무'는 존재하는가 존재하지 않는가.

'무'에 대한 명쾌한 설명을 만나기는 몹시 어렵다. 어떤 언어를 동원해서 설명해도 '무'를 이해하기 어려운 데는 이유가 있다. 우주가 무에서 시작되었다고 할 때의 '무'는 우주가 '없는' 상태를 가리킨다. 하지만 우주가 없는 상태라는 것도 어떤 의미에서는 우주의 일종이 아닐까? 이런 의문들이 꼬리를 물고 이어질 수밖에 없는 것이다.

'무'를 상상할 수 있는가

우주가 없는 상태를 생각하기 전에 우주란 무엇인가부터 생각해보자. 중국 옛 문헌인 『회남자(淮南子)』에는 공간은 '우(宇)'라고 하고 시간은 '주(宙)'로 부른다고 돼 있다. 이 호칭을 따르면 '우주'는 시간과 공간을 합친 존재다. 따라서 우주가 없는 상태인 '무'는 시간과 공간 둘 모두가 없는 상태다.

우리는 그런 상태를 과연 상상할 수 있는가. 상상할 수 없다고 답하는 것이 정상적인 사람의 반응일 것이다. 시간과 공간이 없는 상태를 경험한 사람은 있을 턱이 없고, 경험해보지 않은 것을 상상하는 것은 지극히 어려운 일이기 때문이다. 어쩌면 도를 닦으면서 수행을 극한으로 밀어붙여 '무'의 경지에 도달할 수 있는 사람은 무에 가까운 감각을 느낄 수 있을지도 모르겠다. 그러나 설사 '무'에 가까운 감각을 느낄 수 있다 해도, 그것을 느끼고 있는 시점에서는 그 사람에게도 여전히 시간이 흐르고 있어, 그것을 참된 '무'라고 할 수는 없다. 단지 '무'와 비슷한, '유사(類似) 무' 상태라고 불러야 할 것이다.

물리이론은 수학의 언어로 표현된다

현대우주론에서 우주가 '무'로부터 시작되었을 가능성이 있다고 말하는 이들은 물리학자들이다. 그들은 수행을 극한까지 밀어붙여 무의 경지에 이른 사람들이 아니다. 그런데도 왜 그들은 그런 발언을 할까. 그 이유 중 하나는 물리학 연구는 본질상 수식을 사용한다는 점에 있다. 물리학의 기본 원리는 모두 수학의 언어로 표현된다. 그래서 일상적으로 경험하는 것과는 동떨어진 현상, 직관으로는 쉽게 떠올릴 수 없는 세계도 수학의 언어를 사용하면 표현할 수가 있다.

물론 직관적으로도, 수학적으로도 모두 이해할 수 있다면 그보다 더 좋은 일은 없다. 하지만 특히 미시세계나 극대의 세계에서는 우리의 직관으로는 도저히 이해할 수 없는 현상이 일어난다. 그런데 그런 현상들도 수식을 사용하면 설명이 가능해진다. 직관적으로는 도저히 설명되지 않는 현상에 대해서, 직관에 반하는 수학적인 이론으로 설명할 수 있다면, 그 이론을 현실적인 것으로 받아들일 필요가 있다. 인간의 직관은 옳은 경우도 많고 신뢰할 만한 경우도 많지만 그렇다고 만능은 아니다. 그것은 물리학과 우주론의 역사를 통해 입증된 사실이다.

'무'를 표현하는 방정식

우주가 무에서 시작되었다고 할 때의 '무'는 우리가 직관적으로 이해할 수 있는 범위 너머에 있다. 그래서 아무리 일상적인 언어로 설명하려고 해도 조리 있게 설명할 수가 없다. 만약 수식으로 나타낸 표현이 완전해도 그것이 일상에서 일어나지 않는 현상이라면, 일상의 언어로 그 현상을 설명하는 것은 지극히 어려운 일이다.

그런데 사실은 이 '무'라는 개념도, 현대우주론에서 수학적으로 아무런 모순 없이 이해되고 있는 것은 아니다. 개략적인 근사치에 추측과 추론을 덧붙이면, 우주가 생겼다가 사라졌다가 하는 모습을 나타내는 것으로 보이는 방정식이 유도된다고 하는 정도이다.

그 방정식이 정확히 무엇을 나타내는지는 과학자들 사이에서도 의견이 분분하며, 따라서 아직 풀리지 않은 수수께끼가 많이 포함돼 있다. 그러나 일단 수수께끼 부분은 접어두고 방정식에 적당한 조건을 주어서 해를 구하면, 우주가 크기가 0에서 시작되는 모습이 얻어진다. 여기서 우주의 크기가 0이라는 것은 '공간이 없는 상태'에 대응한다고 해석할 수 있다. 그리고 공간이 없으면 시간도 없다. 현대물리학에서는 공간과 시간은 하나로 엮여서 존재한다고 보기 때문에 공간이 없다는 건 시간도 없다는 뜻이다.

2-2:
우주의 경계조건

스티븐 호킹의 인기

한때 우주론이 일반인들 사이에서 큰 화제를 모은 적이 있다. 그 인기의 발단은 스티븐 호킹(Stephen Hawking, 1942~2018년)이 1988년에 쓴 『시간의 역사』라는 책으로, 전 세계에서 1천만 부 이상이 팔린 초 베스트셀러였다. 스티븐 호킹은 일반인들에게 유명해지기 전부터 과학자들 사이에서는 이름난 이론물리학자였다. 과학계에서 그를 특히 유명하게 만든 것은 블랙홀에 관한 연구였다. 블랙홀은 모든 것을 삼켜버리는 무시무시한 천체로 알려졌지만, 사실은 미세한 양의 에너지를 방출하고 있다는 사실을 스티븐 호킹이 처음 이론으로 제안했다.

호킹은 근육이 서서히 위축되는 루게릭병이라는 난치병을 앓고 있었다. 그래서 휠체어에 탄 그의 사진이 매스컴에 널리 소개돼 '휠체어에 탄 천재'라는 별칭이 붙었다. 이런 모습이 대중의 관심을 증폭시키면서, 더불어 그가 연구하던 우주론에 대한 호기심도 크게 부추겼다.

호킹은 블랙홀에 관한 이론을 발표한 뒤 1980년대에는 우주 탄생에 관해 연구하기 시작했는데, 그 내용이 우주론의 인기 속에서 대중들에게 소개되었다. 특히 우주가 '무'에서 시작되었다는 학설이 알려지면서 사람들의 입에 오르내리게 되었다. 하지만 그 학설의 핵심인 '무'가 무엇인가에 대해서는 호킹의 『시간의 역사』를 읽어봐도 일반인들로서는 잘 이해하지 못했으리라고 생각한다. 단지 '뭔가 대단해 보이긴 하네'라는 정도의 강렬한 인상만 받지 않았을까.

이것과 관련해 필자에게도 한 가지 인상이 남아 있다. 어느 스님의 설법을 들은 적이 있는데, 스님이 "최근의 우주론에 따르면 우주는 '무'에서 시작되었다고 합니다. 아시겠습니까. 바로 '무'란 말입니다"라고 강조했다. '무'는 불교에서 매우 중요한 화두이다. 이 스님은 분명 당시 붐을 이루던 우주론에 관한 책을 읽고는 안성맞춤이라고 생각해 설법 때 이를 화제로 삼았을 것이다. 이후 스님은 한바탕 '무'에 대한 이야기로 설법을 이어갔다. 당시 나는 우주론 연구에 막 입문한 상태였지만, 그런 사실을 입 밖에 내진 않았다. 이처럼 우주가 '무'에서 시작되었다는 학설이 일반인들에게 소개됨으로써, 제대로 이해할 수는 없지만 뭔가 대단한 것이 연구되고 있다는 인상이 당시 대중들 사이에 꽤 퍼져 있었던 것 같다.

'경계조건'이란 무엇인가

우주 탄생론에 관한 호킹의 유명한 논문은 미국 물리학자 제임스 하틀(James Burkett Hartle. 1939년~)과 공동으로 작성한 것이었다. 이 논문에서 두 사람은 우주의 시작에 대해서 이해하기 쉬운 이미지를 도입해, 우주가 탄생하는 모습을 계산하는 방법을 제안했다. 이것이 이른바 하틀과 호킹의 '무경계-경계조건'이다. 이 내용은 추상적인 물리학 이론에 기초하기 때문에, 수식을 사용하지 않고 모든 것을 정확히 전달할 수는 없다. 일반인 대상의 해설서에서 나오는 설명을 아무리 들어도 온전히 이해하기는 어려울 것이다. 그렇지만 이해하려고 계속 노력하는 것 자체가 중요하다. 그렇게 하다 보면 조금씩 발전이 이루어질 테니까 말이다.

아무튼 '무경계-경계조건'이라는, 같은 말이 중복해서 울리는 이

용어의 의미는 무엇일까. 우선 '경계조건'이라는 말 자체가 일반 독자에게는 생소하리라. 수학이나 물리학에 등장하는 전문용어이기 때문이다. '경계'는 말 그대로 무엇의 끝이다. 물리학에서는 탐구하고자 하는 대상에 대해 반드시 범위를 설정한다. 범위가 설정되면 그 범위 밖의 영역이 생기게 된다. 이처럼 물리학에서 탐구하려는 범위와 그 범위 바깥을 나누는 지점, 그것이 '경계'이다.

그렇다면 우주와 우주 아닌 것을 나누는 것은 '우주의 경계'가 된다. 또 이 '우주의 경계'는 우주를 시간상으로 거슬러 올라갈 때 만나게 되는 '우주의 시작'과 같다고 할 수 있다. 우주의 시작이라는 기점을 경계로, 우주와 우주 아닌 것이 나누어진다. 한편 물리학에서는 어떤 현상을 나타내는 방정식을 풀 때, 그 현상을 둘러싼 경계가 어떻게 이뤄져 있는지 그 조건을 먼저 부여해야 한다. 그렇지 않으면 구체적으로 일어나는 현상을 수량적으로 예측할 수가 없기 때문이다. 이런 조건이 바로 '경계조건'이다.

경계조건을 궁극으로 넓히면 어떻게 될까

물리 수업에 자주 등장하는 문제를 예로 들어보자. 공을 던진 뒤에 그 공이 어떤 궤적을 그리면서 날아가는지를 묻는 문제가 있다. 공의 운동은 물리법칙에 따라 결정되지만, 최초에 어떻게 던지느냐에 따라 궤적은 달라진다. 어디에서, 어떤 각도와 어떤 속도로 던지는지에 따라 결정된다. 이 최초의 조건이 바로 공의 운동에 대한 '경계조건'이다.

경계조건은 물리법칙과는 달라서 우리가 임의로 설정할 수 있다. 하지만 일단 경계조건이 주어진 뒤에는 물리법칙에 따라 운동하게 된다. 공을 어떤 식으로 던질지는 우리가 정할 수 있지만 일단 손을 떠난 뒤에는 공의 움직임을 우리가 임의로 제어할 수가 없다. 이처럼 공의 운동궤적을 따지는 문제에서는 공을 던지는 순간이 '경계'가 된다. 물론 공을 던지기 전의 상황을 대상으로 삼을 수도 있고 공을 던지고 일정 시간이 지난 후의 상황을 대상으로 삼을 수도 있지만, 이런 경우에는 각각 다른 시점이 '경계'가 된다. 경계가 달라지면 거기서의 경계조건 또한 달라진다.

이처럼 경계조건은 경계가 정해지는 데 따라 변한다. 물론 범위는 얼마든지 넓힐 수 있지만, 너무 많이 넓히면 문제가 복잡해져 방정식의 해를 구하지 못할 수 있으므로 대개는 연구 목적에 어울리도록 범위를 제한한다.

그런데, 만약 이 범위를 궁극으로 넓히면 어떻게 될까. 당연히 시간적으로나 공간적으로 궁극의 커다란 범위가 될 것이고, 그것은 우주 자체를 의미하게 된다. 그런데 우주 안에서 탐구하고 있는 한, 우주가 시작된 시점 이전으로는 거슬러 갈 수가 없다. 즉 우주의 시간적인 경계는 우주가 시작된 시점이다. 우주의 시작인 이 '우주의 경계'에도 경계조건을 부여하는 것이 가능할까. 가능하다면 그것은 어떤 형태가 될까. 이것이 바로 궁극의 경계조건에 대한 문제이다.

2-3:
우주의 시작과 '무'

우주를 극도로 단순화하니 '무'가 나타났다

일반적으로 경계조건을 정하려면 먼저 거기에 적용할 수 있는 물리법칙부터 알아야 한다. 따라서 '우주의 경계조건'을 생각한다면, 우주가 탄생한 이후의 모습을 지배하는 물리법칙을 완전히 알아야 한다. 하지만 현재로서는 그것은 매우 어렵다. 우주의 모든 움직임을 완전히 나타내는 방정식을 아직 발견하지 못했기 때문이다.

1960년대 말에 미국 물리학자 존 휠러(John Archibald Wheeler, 1911~2008년)와 브라이스 디윗(Bryce Seligman DeWitt, 1923-2004

년)은 우주 탄생 직후의 모습을 표현할 수 있을 것으로 보이는 방정식을 발견했다. 이른바 '휠러-디윗 방정식'이다. 그런데 방정식이란 무엇보다 해를 구할 수 있어야 의미가 있는데, 휠러-디윗 방정식은 너무나 복잡해 해를 구하기가 절망적일 정도로 어려울 뿐 아니라, 방정식을 어떻게 해석해야 할지도 분명치 않았다. 방정식을 만든 것 자체는 좋았지만 어떻게 처리하면 좋을지 몰라 난감해하는 상황이었다. 그러니 이 방정식이 옳은지, 이 방정식을 통해 우주의 모습을 파악할 수 있는지도 단언할 수가 없었다.

그 후 1982년에 물리학자 알렉산더 빌렌킨(Alexander Vilenkin, 1949년~)이 '무로부터의 우주 탄생'이라는 논쟁적인 제목을 단 논문을 학술지에 발표했다. 휠러-디윗 방정식은 그 자체로는 너무 다루기 어려우므로, 그는 극히 단순화한 우주를 생각했다. 특히 우주 공간은 어디에서나 같다(균질하다)고 가정했다. 그렇게 하면 휠러-디윗 방정식도 간단해져서 해를 구할 수 있다. 이렇게 단순화한 우주가 실제 우주와 어느 정도 관계가 있는지는 확실치 않지만, 아무튼 그런 과정을 거치면 휠러-디윗 방정식의 해는 구할 수가 있다.

다만, 앞에서 이야기했듯이 방정식의 해를 구하려면 경계조건이 필요하다. 휠러-디윗 방정식은 우주의 탄생을 기술하기 때문에, 경계조건은 우주가 어떻게 시작되었는지에 대한 조건을 묻는 것과 같다. 비록 극히 단순화한 우주지만, 그런 조건을 생각한다는 자체가 뭔가 인간 지식의 한계를 넘어선 영역으로 들어서는 느낌을 준다. 그래서 물리학이 신의 영역에 다가섰다고 여긴 사람도 적지 않았다.

우주 탄생론에서 말하는 '무'

아무튼 빌렌킨은 방정식에 대해 하나의 해를 제시했다. 이것은 경계조건을 하나 선택했다는 뜻이다. 또 이 해는 우주가 존재하지 않던 상황으로부터 돌연히 우주가 태어난 것과 같다. 빌렌킨은 이처럼 우주가 존재하지 않았던 상태를 '무'라고 부르면서, '무'로부터 우주가 탄생했다고 주장했다. 이것이 '무로부터의 우주 탄생론'['우주 창세론(創世論)'이라고도 한다]이다.

우주 탄생론에서의 '무'란 바로 이와 같은 것이다. 왠지 싱겁게 보일지도 모른다. 물리학은 수식으로 표현되므로, 거기에 등장하는 '무'라는 개념은 수식을 통해 나온 것에 불과하다. 수식으로는 우주가 존재하지 않는 상태를 표현하기가 어렵지 않다. 예컨대, 우주의 크기를 수식 상에서 a라 하고, $a=0$으로 놓으면 우주에 크기가 없는 상태가 된다. 우주에 크기가 없으면 우주가 존재하지 않는 '무' 상태라고 해석할 수 있는 것이다.

물리학자가 '무'를 말한다고 해서 '무'의 정체를 제대로 이해하고서 이야기하는 것은 아니다. 어디까지나 '무'로 해석될 수 있는 수식을 발견했다는 의미일 뿐이다. 그 수식을 실제 우주와 연관 지어 해석하는 것은 다른 문제다.

'무경계-경계조건'이란

그런데 빌렌킨이 설정한 경계조건만 가능한 것은 아니다. 이것과는 다른 경계조건이 앞서 말한 하틀과 호킹의 '무경계-경계조건'이다. 이 경계조건은 수식을 통하지 않고도 비교적 쉽게 이해할 수 있다. '무경계-경계조건'이라는 말에는 다소 철학적인 울림이 있다. 구체적인 의미는 '경계를 갖지 않는' 것을 경계조건으로 삼는다는 뜻이다. 이 말만으로는 이해하기 어려울 텐데, 이것과 관련해 자주 거론되는 설명방식이 있다. 지구의 남극에서 방향을 생각하는 것이다.

우주의 시간을 과거로 거슬러 올라가는 것을 지구상에서 남쪽을 향해 내려가는 것으로 바꿔 생각해보자. 남극으로부터 매우 멀리 떨어진 곳에서는 남쪽이라는 방향은 어디서나 같은 방향을 향하는 것처럼 보인다. 하지만 남극점에 다가가면 갈수록 남(南)이라는 방향은 남극점을 중심으로 사방으로 뻗어나간 방사형 모양이 된다(그림1).

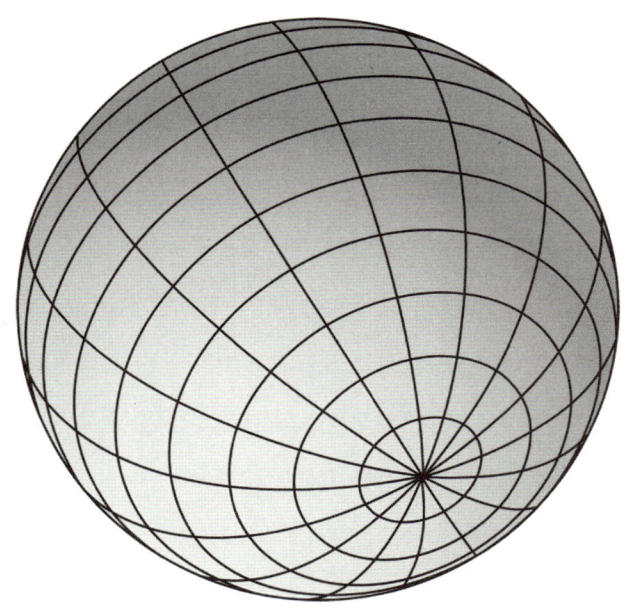

그림1 남극점에서 보면, 모든 방향은 북쪽이 된다.

 마침내 남극점에 도달하면, 그 앞에 이제 남쪽이라는 방향은 없다. 남극점에 서 있는 사람에게는 어느 쪽을 향해도 모두 방향이 북(北)이 된다. 더 남쪽을 향해 이동할 수 없다는 의미에서, 그것은 남쪽의 끝이라고 할 수 있다. 그렇지만 거기에 벽 같은 경계가 있는 것은 아니다. 특별할 게 없는 얼음벌판만이 펼쳐져 있을 뿐이다. 이것은 만물이 시작되는 곳(우주의 시작)에도 뭔가 특별한 건 없다는 것을 보여주는, 알기 쉬운 예로서 자주 언급된다.

무경계-경계조건은 이 같은 상황과 흡사하다. 남쪽을 향해 이동하는 것이 시간을 거슬러 가는 것과 같다고 생각하면, 남극점은 시간의 시작, 즉 우주의 시작과 같다. 만약 우주의 시작점에 서 있을 수 있다면, 그 시작점보다 더 과거라는 시간은 없지만, [남극점에 벽처럼 경계를 나누는 것이 없듯이] 거기에 시간의 벽과 같은 뭔가 특별한 것이 있는 것은 아니다. [남극점에서의 얼음들판처럼] 특별한 것 없는 시공간이 그저 넓게 펼쳐져 있을 뿐이라고 생각할 수 있다.

우주의 시작이 이와 같다면, 더는 시간을 거슬러 올라갈 수 없는 지점인 우주의 시작이 있어도 그다지 이상하지 않을 것이다. 이런 관점을 구체적인 수식을 통해, 우주의 경계조건으로 표현한 것이 하틀과 호킹의 '무경계-경계조건'이다. 이 이론은 실제로는 시공간의 양자론에 기초하고 있어 여기서 설명한 것 같은 간단한 이미지가 전부는 아니지만, 개략적으로 이해하면 이런 식이다 정도로 받아들이면 된다.

'무경계-경계조건'에는 '허수 시간'이라는 개념이 자주 등장한다. 이 용어를 들어본 독자들도 있을 텐데, 아무리 설명을 들어도 무슨 말인지 모르겠다고 푸념하는 사람도 여럿 보았다. 이 허수 시간은 경계조건을 시공간의 양자론으로 나타낼 때 모순이 생기지 않도록 도입된 개념이다. 이 개념은 수식을 통하지 않고는 설명을 해도 별 의미가 없어 여기서는 생략하겠다. 다만, 우주의 시작점을 남극점과 비유한 이미지가 실제로는 허수 시간 개념을 통해 이론적으로 설명되고 있다는 점만 알아두자. 흥미가 끌리는 독자는 수식이 있는 해설서를 통해 한번 도전해 봐도 좋을 것이다. 설사 전체를 이해하지 못하더라도 도전 과정에서 뭔가 얻는 것이 있을 것이다.

2-4: 우주는 정말 '무'에서 시작되었을까

과학이론은 어떻게 발전하는가

'무로부터의 우주 탄생론'은 1980년대 말부터 1990년대 초에 걸쳐 활발히 연구되었다. 지금은 어떤 상황에 있을까. 결론부터 말하면, 이후 눈에 띄는 진전은 별로 없다. '무로부터의 우주 탄생론'은 옳다고도 그르다고도 단정할 수 없는 상태로 방치되고 있는 편이다. 연구가 전혀 진척이 없다고는 할 수 없지만, 연구 현장에서 당시와 같은 낙관적인 분위기가 많이 사라진 건 사실이다.

우주론을 비롯해 물리학 이론은 처음 나오고 난 뒤 어느 정도 연구가 진전되면 웬만한 문제들은 대부분 해결되고, 이후에는 어떤 접근법을 취하면 좋을지 알 수 없는 굉장히 난해한 문제가 남게 된다. '무로부터의 우주 탄생론'은 현재 그런 상황에 놓여있다고 할 수 있다. 일반적으로 과학이론은 이론적으로 예측한 가설을 실험이나 관측 사실과 비교함으로써 발전한다. 그러나 우주 탄생에 관한 이론은 직접적인 실험이나 관측을 통해 비교하는 것이 불가능에 가깝다. 적어도 현 단계에서는 '무로부터의 우주 탄생론'을 실험이나 관측으로 검증하는 것은 꿈같은 이야기다.

그래서 우주가 정말 '무'에서 시작되었는가, 아니면 다른 가능성이 있는가라는 질문에 대해 현재로서는 어느 쪽이라고 단언할 수가 없다. 말하자면 '기다림'의 단계에 있다고 하겠다. 언제까지 기다려야 할까. 천년을 기다려도 더 진전이 없을 수도 있고, 10년 후 갑자기 생각지도 못했던 극적인 해결책을 찾아낼 수도 있다. 미래의 일을 누가 알겠는가.

38만년 이전의 우주는 빛으로 관측할 수 없다

그렇다면 앞으로 어떤 해결책이 있을 수 있을까. 이론적인 연구가 답보상태에 빠져 있을 때 거기서 헤어나오기 위해서는 두 가지 가능성이 있다. 하나는 관측 기술의 발전이고, 다른 하나는 이론적인 발전이다.

물리학 이론을 발전시키는 것은 기본적으로 실험이나 관측 결과이다. 그때까지 알려져 있던 현상을 정확히 설명해 오던 이론이, 새롭게 발견된 현상을 제대로 설명할 수 없는 경우가 생긴다. 이럴 때 이론적인 연구에 대한 동기(모티브)가 급격히 높아진다. 다양한 아이디어에 기초한 이론적 연구가 그야말로 우후죽순처럼 쏟아진다. 그들 중 대부분은 좋은 결과로 이어지지 않지만, 그중 하나라도 제대로 된 이론이 있으면 그것을 실마리로 진실에 다가갈 수 있게 되는 것이다.

'무로부터의 우주 탄생론'은 앞에서 이야기했듯이 실험이나 관측을 통해 검증할 수가 없다. 우주의 시작 상태를 직접 관측할 수 없기 때문이다. 빛은 초속 30만km라는 일정한 속도를 갖기 때문에 우주 공간을 나아가는 데 시간이 걸린다. 그래서 우주의 먼 곳을 보면 볼수록 더 먼 과거의 우주가 보인다. 그런데 빛 자체는 빅뱅이 시작되고 38만 년이 지나서야 공간을 나아갈 수 있었다. 우주 나이가 38만 년이 되기 전에는 우주의 크기가 너무 작고, 그 좁은 곳에 물질들이 가두어져 있어, 물질들의 방해를 받아 빛이 나아갈 수가 없다. 나아가려고 해도 금방 다른 물질들과 부딪치는 상황이다.

빛뿐만이 아니라 전파나 X선 같은 것들도 마찬가지였다. 빛과 전파, X선 등은 서로 다른 이름으로 불리고 있지만, 모두 '전자기파'의 일종으로 같은 종류의 파이다. 파장의 길이에 따라 여러 이름으로 분류되고 있을 뿐이다. 아무튼 빛이나 전파, X선 같은 전자기파를 이용해 관측하는 한, 38만 년 이전의 우주를 직접 볼 수가 없다. 하지만 전자기파 이외의 방법으로도 원리적으로는 볼 수가 있다. 예를 들면 초기 우주에서 나온 중력파나 뉴트리노(중성미자)를 관측할 수 있으면 굉장히 좋을 것이다. 그러나 현재로는 그런 방법을 실용화하는데 좀 더 시간이 걸릴 것으로 보인다. 지금으로서는 전자기파에 의존할 수밖에 없다[2015년에 중력파가 검출되는 쾌거가 이뤄졌기 때문에 어쩌면 예상보다 앞당겨 38년 이전의 우주를 관측할 수도 있다. 지금은 전자기파가 우주 관측의 주요수단이지만, 앞으로 '우주의 화석'이라 불리는 중력파의 도움을 본격적으로 받게 되면 우주 탐구도 크게 도약할 수 있다].

초기 우주의 흔적은 남아 있다

그렇다고 우주론 연구자들이 38만 년 이전의 우주를 연구할 수 없는 것은 아니다. 초기 우주를 직접 관찰할 수는 없지만, 거기서 일어났던 일의 흔적은 어떤 형태로든 우주에 남아 있기 때문이다. 그래서 과학자들은 우주에서 관측되는 정보들을 모으고 그것을 토대로 이론적으로 초기 우주의 모습을 찾아가고 있다. 표준빅뱅이론도 그런 과정을 통해 만들어졌다.

빅뱅이론에 대해서는 관측에서 얻은 단서들이 풍부해, 우리는 빅뱅이 분명히 실재했다고 자신 있게 말할 수 있다. 그러나 무엇이 빅뱅을 일으켰는가, 라는 문제에 대해서는 지금까지 관측된 정보만으로는 답을 얻는 데 한계가 있다. 연구 현장에서는 지금도 첨단장치들을 동원해 우주로부터 정보를 모으고 있는 단계이다. 관측 데이터들이 점점 쌓여가고 있는 만큼 빅뱅을 일으킨 것이 무엇인지에 대한 답도 마침내 찾게 되지 않을까, 연구자들은 기대하고 있다.

인플레이션 이론도 이런 관측의 발전에 힘입어 검증이 가능해지지 않을까 희망을 걸어본다. 그 결과가 어떻게 나올지 뚜껑을 열기 전에는 알 수 없지만, 낙관적으로 보자면, 먼저 인플레이션 이론이 검증되고 난 뒤, 우주 탄생에 대한 이론이 검증될 수 있을 것이다. 과연 기대대로 그렇게 순탄하게 진행될 수 있을까.

어쩌면 예상하지 못한 곳에서 새로운 사실이 발견되거나, 이론적으로 완전히 새로운 가능성이 제시될 수도 있다. 예상한 대로 진행되기보다는 오히려 미처 예측하지 못했던 방향에서 진전이 이뤄지면 훨씬 재미있게 전개될 수도 있을 것이다.

■ ■ ■

지금까지, 우주의 시작과 관련해 비교적 폭넓게 받아들여지고 있는 이론을 소개했다. 즉 '무'로부터 우주가 탄생한 뒤 인플레이션

이 일어났고 이어 빅뱅 우주가 만들어졌다는 얼개였다. 그러나 누차 얘기했지만 이런 얼개에는 실험과 관측으로 검증되지 않은 많은 추측이 들어가 있다. 이후의 장에서는 이 얼개에 사용된 추론을 상세히 검토하는 한편, 우주 탄생과 관련해 다른 가능성은 없는지 알아보기로 하자.

제3장
양자론과 우주론

- 3-1: 양자론의 의미
- 3-2: 고전물리학은 따분하다?
- 3-3: 양자론은 고전물리학을 뒤엎는다
- 3-4: 신은 주사위 놀이를 한다
- 3-5: 중력을 양자화하는 이론은 미완성
- 3-6: 중력의 양자론을 검증하는 일의 어려움
- 3-7: 양자우주론

3-1:
양자론의 의미

상식이 통하지 않는다

'무로부터의 우주 탄생론'에서 중요한 열쇠가 되는 물리학 이론은 양자론이다. 양자론이 제시하는 세계는 터무니없을 정도로 우리의 직관에 반하기 때문에, 인간의 상식 너머에 있다. 양자론 전문가라고 할 수 있는 물리학자 리처드 파인만(Richard Feynman, 1918~1988년)은 "양자론을 이해하는 사람은 아무도 없다고 말해도 좋다"는 유명한 말을 남기기도 했다.

양자론을 한마디로 말하면, 실험이나 관측을 할 때 어떤 값이 나올지를 예측하는데 필요한 계산의 도구, 그 이상도 이하도 아니다. 양자론의 규칙에 따라 계산하면 물리적으로 어떤 측정 결과가 나올지 예측할 수가 있다. 양자론의 전문가란 양자론을 능숙하게 사용할 줄 아는 사람일 뿐, 양자론이 품고 있는 의미를 이해하고 있는 사람은 아니다. 앞에서 파인만이 말한 것은 바로 그런 의미이다. 왜 양자론이 옳은 이론인지를 정말로 알고 있는 사람은 없다.

양자론의 의미를 모르는 까닭은 인간의 직관이 아무런 쓸모가 없을 정도로, 지극히 추상적인 원리가 지배하기 때문이다. 상식적으로 당연해 보이는 것이 양자론에서는 당연하지가 않다. 양자론을 배워 그 의미를 생각하기 시작하면, 자신의 경험 범위를 넘어서서 사고하는 것이 얼마나 힘든 일인지를 절감하게 된다.

우리는 진실은 하나밖에 없다고 확신하면서 생활한다. 예컨대 어제 학교나 직장에서 걸어서 집으로 돌아왔다고 해보자. 그러면 그 귀갓길은 하나밖에 없다. 그 루트만이 참된 루트이고, 그 외 다른 길은 가짜 루트다. 오른쪽 길을 따라왔는가 왼쪽 길을 따라왔는가, 어느 구간에서 몇 걸음을 걸었는가 같은 세세한 부분은 기억하지 못할 수 있다. 하지만 그런 세세한 부분에 대해서도 진실은 하나밖에 없다고 생각하는 것이 상식이다.

우리가 경험하는 일상 세계에서는 이런 상식이 틀리는 경우가 없다. 어느 방향으로 걸었는지, 몇 걸음을 걸었는지는 기억하지 못해도 그것은 단지 세부적인 부분들을 잊어버린 것일 뿐, 어떤 루트를 통해 귀가했는지에 대한 진실은 하나밖에 없다. 그런데 이런 상식이 어디에서나 통용되는 건 아니라고, 양자론은 말한다.

이동 루트가 하나만이 아닌 세계

양자론의 원리는 지극히 작은 세계, 즉 극미의 세계에서 두드러진다. 엄청나게 작은 입자가 이동할 때, 그 이동한 루트가 하나밖에 없다고 생각해서는 안 된다. A 지점에 있던 입자가 얼마 뒤 B 지점에서 발견되었다고 해보자. 또 입자가 이동하는 동안 중간에 어디를 거쳐서 A에서 B 지점까지 도달했는지는 관측하지 않았다고 하자. 이 경우, 중간에 어디를 거쳤는지는 모르지만, 어떤 하나의 루트를 거쳤을 거라고 보는 게 상식이다. 하지만 양자론에서는 이런 상식이 통하지 않는다.

이런 이야기를 처음 들으면, 그런 이론이라면 잘못된 이론이라고 치부하고 싶어진다. 그런 일은 경험적으로 너무나 이상하기 때문이다. A에 있던 입자가 B에서 발견됐다면 우리의 경험에 비춰볼 때, 어떤 하나의 경로를 통해 이동했다고 간주하는 게 정상적인 반응이다. 이런 당연한 사실을 의심하게 되면, 예컨대 형사가 범죄 수사도 할 수 없게 될 것이다.

그런데 이런 상식적인 사고에 기초해 입자의 운동을 물리적으로 계산하면, 실험 결과를 제대로 설명할 수가 없다. 그 실험의 세세한 부분을 설명하려면 다소 복잡한 이론을 전개해야 하므로 여기서는 생략하겠다. 어쨌든 여기서는 이동 루트가 하나밖에 없다고 가정하고 관측 결과를 해석하면, 모순된 결론에 이르게 된다는 점만을 강조해 둔다.

입자는 이동하는 도중에 무엇을 했나

이동 루트가 하나가 아니라면 A에서 B로 이동하는 사이에 이 입자는 무엇을 하고 있었던 것일까. 양자론은 입자가 이동 중에 무엇을 하고 있었는지 알아낼 수가 없다. 어떤 루트를 경유했는지 누구도 확실하게 말할 수가 없다. 관찰하는 우리 인간만 모를 뿐, 어쨌든 입자는 어떤 하나의 경로를 지나야만 한다고 생각하는 것도 허용되지 않는다. 이동 중인 입자가 분명 하나의 루트를 경유해서 도달했다고 생각하는 것은 틀렸다고 실험 결과가 말해 주기 때문이다.

이것은 입자가 어떤 루트를 통했는지를 결정하는 것에 물리적인 의미를 부여할 수 없다는 뜻이다. 다시 말하면, 입자는 가능한 모든 루트를 동시에 경유했다고 할 수 있다. 심지어 입자는 두 곳 이상의 장소에 동시에 존재하고 있었던 듯이 보인다. 만약 A에서 B까지 도달하는 데 두 개의 경로가 있다고 하면, 입자는 두 경로를 모두 알고 있는 듯이 행동한다는 것이다.

이 같은 일은 우리가 경험하는 세계에서는 있을 수가 없다. 귀가하는 경로가 둘 있다면 어제 귀가한 경로는 반드시 둘 중 어느 하나이다. 동시에 두 경로를 모두 지나서 귀가했다고 진심으로 말하는 사람이 있다면 즉시 병원으로 데려가야 하지 않겠는가.

진실이란 없다?

입자가 지나간 루트와 사람이 지나간 루트 사이에는 어떤 차이가 있는가. 입자의 경우 이동 중일 때의 모습을 누구도 볼 수 없다는 점이다. 이것이 결정적인 차이다. 누구도 볼 수 없을 뿐 아니라, 어디를 지나갔는지 흔적을 남기지도 않는다.

사람은 귀가할 때 어떤 길을 택하더라도 반드시 흔적을 남기게 된다. 아무도 그 사람이 지나간 걸 보지 못하더라도 발자국이라도 남는다. 아스팔트 위를 걸었더라도 신발 밑창이 조금이라도 닳기 때문에 흔적이 남는다. 이처럼 우리 인간이 관찰하는 일상 세계에서는 어떤 흔적도 남기지 않고 이동하는 것은 불가능하다. 아무리 미세한 흔적이라도 남기 때문에 원칙적으로는 그 흔적을 통해 이동 루트를 추적할 수가 있다.

그러나 입자의 세계는 전혀 다르다. 아무런 흔적을 남기지 않고서도 이동할 수가 있다. 어떤 장소에서 입자를 관측한 후 다른 장소에서 같은 입자를 관측했다면, 관측한 각각의 시각에 입자가 어디 있었는지 특정할 수가 있다. 하지만 입자가 두 시각 사이에 어디서 무엇을 하고 있었는지는 영원히 알 수가 없다.

이것은 단지 진실을 알 수 없다는 의미만이 아니라, 입자가 중간에 어디서 무엇을 하고 있었는가에 대한 진실 자체가 없다는 의미다. 바꿔 말하면, 입자는 관측되지 않는 동안, 할 수 있는 모든 행동을 하고 있었다는 뜻이다. 입자가 하나의 행동만을 취한다고 전제하면 결코 이해할 수 없는 현상이 실제로 일어나고 있다.

상식적으로는 도저히 이해하기 어렵지만, 그것이 양자론이 말하는 진실이다. 관측되지 않는 동안 입자가 하나의 정해진 장소에 있다고 생각해서는 안 된다고 양자론은 말한다. 있을 수 있는 모든 장소에 존재하는 것이다.

다만 여기서 '존재한다'는 말은 별로 정확한 표현은 아니다. 관측되지 않는 입자는 '존재'와 '비존재'를 구별하기가 애매하기 때문이다. 존재와 비존재를 동시에 가진 상태라고 말해도 좋다. 상식적으로 보면 이상하지만, 양자론에서는 그런 상태를 '파동함수'라는 수학을 통해 표현할 수가 있다. 또 이 '파동함수'가 어떻게 행동하는지는 수학적인 방정식으로 나타낼 수 있는데, 이 방정식 자체에는 애매한 점이 전혀 없다.

말하자면 '파동함수'는 마법과 같은 함수다. 방정식의 해를 구한 뒤, 그 해를 통해 실험이나 관측 결과가 어떻게 될지를 정확히 계산해 낼 수 있기 때문이다. 하지만 이런 수학적인 절차를 통해 왜 올바른 결과가 얻어지는지, 그 이유는 알려주지는 않는다. 단지 '자연은 그런 식으로 돼 있다'라고 밖에 말할 수가 없다.

3-2:
고전물리학은
따분하다?

고전물리학과 양자물리학

필자는 양자론을 처음 알게 되었을 때 자연계의 심오함을 접했다는 느낌이 들었다. 양자론이 발견되기 이전에 확립된 물리학을 고전물리학이라고 한다. 고전은 영어로 클래식(classic)으로 번역된다. 클래식 음악을 고전음악이라고 부르듯이 말이다. '클래식'이라는 말에는 '옛날 그대로의'라는 의미가 있어, 고전물리학은 '옛날 그대로의' 물리학이라고 할 수 있다. 물리학에서는 특히 양자론이 탄생하기 이전의 물리학을 고전물리학이라고 한다. 고전물리학이 아닌 물리학이 양자물리학이다.

고전물리학은 인간의 직관에 토대를 둔, 비교적 이해하기 쉬운 물리학이다. 고등학교 때 배우는 물리학은 대부분 고전물리학에 할애돼 있다. 앞장에서도 이야기했듯이 공을 던질 때 공의 운동궤적을 계산하는 것은 고전물리학의 전형적인 예다. 고등학교 물리 과정에서는 운동의 법칙, 온도와 열, 파동, 빛, 전기와 자기, 전자기파 등의 단원을 배운다. 고등학교 때 물리 공부가 힘들었던 사람은 괴로운 추억밖에 없을지도 모르겠다. 고교 때 배운 이 이야기들은 모두 고전물리학에 속한다. 고교물리에서도 마지막에 양자물리학을 초보적으로 조금 다루지만, 양자론의 본질적인 부분은 별로 다루지 않는다.

고등학교에서 배운 물리학이 괴로웠다는 사람들의 이야기를 들으면, 처음에 나오는 낙하운동 부분에서 벌써 싫어졌다고 하는 경우가 많다. 공기저항을 무시하면, 공을 공중에서 떨어뜨릴 때의 운동을 간단한 2차 방정식으로 계산할 수 있다는 식의 이야기가 나온다. 물리법칙이 가진 의미를 제대로 이해하기보다는 번잡한 계산을 반복하는 식으로 배우다 보니 힘들고 결국 과목 자체가 싫어지는 것도 무리가 아닐 것이다.

물리학과 학생이 아니지만, 갓 대학에 입학한 1학년 학생으로부터 "물리는 공기저항을 무시한다는 등 비현실적인 경우만을 다루고 있는데, 대체 어디에 도움이 되는 겁니까?"라는 질문을 받은 적이 있다. 그때 나는 '아, 이것은 고교물리를 처음 배울 때부터 제대로 이해하지 못했기 때문이 아닐까'라는 생각을 했다. 이런 의문을 가진 상태에서는 물리를 공부하려고 해도 의욕이 샘솟지 않는 것도 무리가 아니다.

물론 실제 세계에서는 다양한 힘이 작용하고 있으므로, 현실 세계의 낙하운동을 정확히 기술하려면 공기저항도 고려해야만 한다. 하지만 공기저항을 일단 무시하면, (중력 같은) 공기저항 이외의 힘이 단순한 원리(법칙)를 따른다는 사실을 보여줄 수 있게 된다. 이 때문에 고교물리에서는 공기저항이 없는 경우를 먼저 생각하는 것이다.

만약 공기저항을 고려하면, 그렇지 않은 경우와 비교해 문제를 풀기가 훨씬 어려워진다. 처음부터 모든 것을 고려해 문제가 너무 복잡해지면 되레 본질을 놓칠 수 있다. 다양한 원인을 하나씩 나눠서 생각해 가는 것이 자연계를 이해하는 가장 효과적인 방법이다. 낙하운동의 본질은 처음 던질 때의 속도와 방향이 이후의 운동을 모두 결정한다는 점에 있다. 공기저항이 있든 없든, 최초의 상태가 이후의 모든 것을 결정한다는 사실에는 변함이 없다. 공기저항이 있으면 공기의 운동도 고려해야 하므로 풀어야 하는 방정식이 복잡해진다는 점이 다를 뿐이다.

라플라스의 악마

이처럼 어떤 시점에서의 상태가 이후에 일어나는 사건을 모두 결정한다는 점은 고전물리학의 공통된 특징이다. 극단적으로 말하자면, 현재의 우주 상태를 모두 알 수 있다면 미래에 일어날 일을 모두 예측할 수 있다.

물론 실제 그런 일이 일어나려면 모아야 하는 정보가 너무나 방대하고 계산을 해야 하는 양도 엄청 많아, 현실의 인간에게는 불가능한 일이다. 고전물리학이 항상 옳다면 그러한 일도 원리상으로는 가능하다는 말이다. 이처럼 미래의 일을 모두 예언할 수 있는 가상의 지성을 '라플라스의 악마'라고 부른다.

미래가 하나로 결정돼 있다면 정말 따분하고 시시할 것 같고, 앞으로의 희망이 없어지는 것 같은 느낌이 들 것이다. 하지만 우주의 정보를 전부 모으는 것은 유한한 존재인 인간에게는 불가능하고, 설사 라플라스의 악마가 미래를 전부 알고 있다고 해도 우리가 그것을 알 수 없다면 우리에게 미래는 여전히 결정되지 않은 것과 같다.

고전물리학이 우주의 법칙이라면, 우주에서 일어나는 일은 과거부터 미래까지 모두 한 가지로 결정돼 있고, 단지 인간이 그것[한가지로 결정된 미래의 모습]을 모르고 있을 뿐이라는 이야기가 된다. 그러나 미래가 변하지 않는다는 이야기를 들으면 뭔가 답답하고 옹색한 기분이 드는 것은 필자만이 아닐 것이다.

3-3:
양자론은 고전물리학을 뒤엎는다

양자론의 '불확정성 원리'

그런데 양자이론이 발견되면서 고전물리학이 항상 옳은 답만을 주는 것은 아니라는 사실이 밝혀졌다. 우리가 일상적으로 경험하는 현상들에는 여전히 고전물리학이 유용하므로 고전물리학이 틀렸다고 주장하는 것은 지나친 말이다. 하지만 크기가 매우 작은 미시세계에는 고전물리학이 적용되지 않는다. 즉 고전물리학은 근사(近似)적인 이론이라고 할 수 있다.

양자론에는 미래가 하나로 결정된다는 고전물리학의 특성이 없다. 앞에서 이야기했듯이, 입자는 관측하고 있지 않으면 존재와 비존재 사이의 중간적인 상태를 나타낸다. 그리고 이 존재와 비존재 사이의 중간 상태는, 관측하는 순간 확정적인 존재로 변모한다.

앞에서 거론했던, A에 있었던 입자가 일정 시간 뒤에 B에서 발견되는 예를 다시 생각해보자. 이때, 입자는 첫 번째 관측했을 때는 A에 있었고 두 번째 관측했을 때는 B에 있었다고 분명히 말할 수 있다. 하지만 두 관측 사이 동안에 입자가 무엇을 하고 있었는지는 확실히 말할 수 없다는 것이 양자론의 입장이다.

그런데 여기서 짚고 넘어갈 점이 있다. A에 있다고 관측된 입자가, 관측 이후에 어떤 루트를 택해서 움직일지는 확정적이지 않은 상태(모호한 상태)가 된다. 따라서 두 번째 관측했을 때 그 입자가 반드시 B에서 관측되는 것은 아니라는 점이다. 즉 완전히 같은 상황에서 관측을 다시 해도 A에서 발견되었던 입자가 B가 아닌 C에서 발견될 수도 있다.

이런 특성은 일상 경험에서는 결코 일어날 수가 없다. 당구공을 A에서 쳤을 때 어떤 방향으로 갈지, 이후의 움직임을 우리는 예상할 수 있다. 다른 공과 충돌하지 않으면 A에서 구르기 시작한 당구공의 속도를 계산해 몇 초 후에는 어디에 있을지 예측할 수가 있다.

이런 단순한 규칙이 양자론에서는 성립하지 않는다. 어떤 입자가

A에 있는 것을 확인해도, 그 입자가 어떤 속도로 어디를 향해 움직이는 전혀 예측할 수가 없다. 이것이 양자론의 '불확정성 원리'이다. 입자의 위치를 알면(측정하면), 그 입자의 속도를 알 수 없게 되는(결정할 수 없게 되는) 현상을 말한다.

기묘한 일

이것은 지극히 크기가 작은 입자들에서 발견되는 특성이다. 어느 정도의 크기를 가진 물체에서는 목격되지 않는다. 왜 매우 작은 입자들의 경우에만 불확정성 원리가 두드러지게 나타나는 것일까. 개략적으로 다음과 같이 생각해 볼 수 있다.

입자가 어디에 있는지를 알기 위해서는 그 입자에 빛을 비추어 보아야만 한다. 그런데 웬만큼 크기를 가진 물체에는 빛을 비추어도 그 물체의 운동에 거의 영향을 주지 않는다. 하지만 입자에 빛을 비추면 입자의 운동이 흐트러지게 된다. 입자가 어디에 있는지 정확히 측정하려고 하면 할수록 더 많은 빛을 입자에 비추게 되므로 입자의 운동에도 더 큰 영향을 미치게 된다. 그 결과 이후에 입자가 어떤 운동을 하게 될지 알 수 없게 되는 것이다.

이것이 '불확정성 원리'에 대한 직관적인 설명이지만 이것만으로는 아직 부정확하다고 할 수 있다. 이 직관적인 설명은, 입자의 운동

자체는 하나로 결정돼 있지만 단지 인간이 그것을 알 수 없을 뿐이라고 생각하게 만든다. 하지만 양자론에 따르면, 하나로 결정된 운동이라는 것 자체가 존재하지 않는다. 결정된 하나의 운동이 아니라, 할 수 있는 모든 운동을 한다고 보는 것이다.

따라서, 첫 번째 관측에서 A 지점에서 발견했던 입자를 두 번째 관측에서 B 지점에서 볼 수 있을지 없을지는 실제 관측을 해볼 때까지는 모른다. B가 아닌 C에서 발견할 수도 있고 아니면 D나 또 다른 곳에서 볼 수도 있다. 최초에 A에서 입자를 발견한 단계에서는, 두 번째 관측에서 여러 가지 가능성 중 무엇이 일어날지를 알 수가 없다. 이것은 단지 우리가 모르는 것일 뿐 아니라 실제로도 무엇이 일어날지 미리 결정돼 있지 않다는 뜻이다. 따라서 양자론에서는 미래에 입자가 어디서 발견될지를 확률적으로만 예측할 수 있다.

최초에 입자가 A에 있는 것을 확인한 후, 아직 두 번째 관측을 안 한 상태에서 어떻게 될지를 생각해보자. 이 시점에서 B 지점에 있을 것이라고 확정할 수는 없다. C에 있을 수도 있고 D에 있을 수도 있고 다른 장소에 있을 수도 있다. 즉 첫 번째와 두 번째 관측 사이에 입자가 어디에 있었는지 모호한 상태에 있듯이, 두 번째 관측을 아직 하지 않은 시점에서도 입자가 어디에 있을지는 모호하다. 이것은 입자가 모든 가능한 장소에 동시에 존재한다고도 말할 수 있는 상태다.

그리고 A에서 입자가 발견된 이후 두 번째 관측에서 입자가 어딘가에서 발견된 가능성(확률)은, 아직 관측하지 않은 상태에서는 넓은 범위에 퍼져 있게 된다. 하지만 두 번째 관측을 통해 B에서 입자를 발견하게 됐을 때는, 그 직후 다시 관측하면 B 지점과 가까운 곳에서 입자가 발견될 확률이 높아진다. 반면 두 번째 관측을 하지 않으면, B 지점에서 멀리 떨어진 장소에서 발견될 확률이 커진다.

이런 이야기는 매우 기묘하게 들릴 것이다. 관측할지 하지 않을지를 결정하는 것은 우리 인간의 의지이다. 그렇다면 인간의 의지가 입자의 행동에 결정적인 영향을 미친다는 뜻이 된다. 고전물리학에서는 세계가 인간의 행동과는 전혀 무관하게 움직인다고 보지만, 양자론에서는 인간의 관측행위가 세계의 움직임에 결정적인 영향을 미치는 것이다.

3-4:
신은
주사위 놀이를 한다

양자론은 확률적으로만 예측한다

관측하느냐 하지 않느냐에 따라 세계의 움직임이 달라진다는 것은, 고전물리학에 익숙해 있는 사람에게는 너무나 희한한 이야기로 들릴 것이다. 그런데 이것을 인간의 심리에 적용해보면 그렇게 이상하지는 않다. 다른 사람이 무슨 생각을 하는지 알고 싶을 때, 그 사람과 이야기를 나눠보게 되는데, 그렇게 되면 이야기를 하기 전과 후의 그 사람의 심리상태는 달라진다.

예를 들어 "무슨 색을 좋아합니까?"라는 간단한 질문을 어떤 사람에게 한다고 해보자. 질문을 받은 사람이 자기가 무슨 색을 좋아하는지를 이전까지는 생각해 본 적이 없다고 하자. 질문을 받고서 답을 하려면 여태까지의 경험을 떠올려보면서, 자기가 무슨 색을 좋아한다는 결론을 내릴 수 있다. 혹은 좋아하는 색이 없다는 결론을 낼 수도 있다. 어느 쪽이든 일단 결론을 내리고 나면 다른 질문을 받아도 그 결론에 모순되지 않는 응답을 하게 될 것이다.

양자론에서의 관측행위도 이와 유사하다. 관측하지 않으면 모호한 상태에 있던 것이, 관측을 하게 되면 하나의 확실한 상태로 변한다. 그리고 일단 그렇게 된 뒤에는, 거기서 결정된 상태와 모순되지 않는 움직임을 보인다. 이렇게 생각하면, 무기질인 입자가 인간적인 것처럼 여겨져 보다 친숙한 느낌이 들지도 모르겠다.

물리학은 빈틈이 없는 학문이어서 완고한 아버지처럼 융통성이 없다는 이미지를 가진 사람이 많을 텐데, 양자론이 보여주는 세계는 그것과는 달리 꽤 변덕스럽게 보일 수 있다. 관측을 통해 어떤 결과가 나올지는 아무리 정확한 계산을 해 봐도 확률적으로만 구할 수밖에 없고, 최종적으로 우연에 좌우되기 때문이다.

양자론이 사물을 확률적으로만 예측할 수 있다는 사실은, 물리학이 확고한 학문이기를 바라는 사람에게는 기분 좋은 일은 아닐 것이다. 이와 같은 사람은 양자론이 불완전하다고 생각하고 싶을지도 모른다. 양자론이 나오기 전의 고전물리학에서는 어떤 시점에서의 상태를 완전히 알면 이후의 상태를 정확하게 예측할 수 있었다. 그러나 양자론에서는 그렇지 않다. 미래를 정확히 예측할 수 없는 이론은 불완전하다고 생각하는 것도 무리가 아니다.

양자론을 거부했던 아인슈타인

실제로 상대성이론을 발견하는 등 탁월한 물리학자였던 아인슈타인조차도 확률적으로만 예측할 수밖에 없는 양자론은 불완전하다고 생각했다. 양자론이 옳다는 사실이 많은 실험을 통해 확실해진 후에도 자신의 주장을 끝까지 고집함으로써 물리학의 주류적인 사고방식으로부터 멀어져 점점 고립되기도 했다. 그는 '신이 주사위 놀이를 한다는 건 생각할 수 없다'는 유명한 말을 남겼다. 확률적으로만 미래를 예측할 수 있다는 양자론의 주장을 결코 견딜 수 없었기 때문이다.

아인슈타인은 세기에 한 명 나올까 말까 하는 천재임이 분명하지만, 천재라고 모든 것에서 다 옳을 수는 없다. 양자론에 대한 아인슈타인의 관점은 현실의 실험 결과와는 합치하지 않았다. 그는 양자론의 오류를 보여주기 위해 사고실험(가상실험)을 고안했지만, 그 사고실험을 본떠 실제 실험을 했더니 양자론이 옳다는 점만 더 분명해졌다.

우리는 현실과 비현실 사이의 모호한 상태에 있는 양자론이 현실 세계를 기술하는 것을 받아들이지 않으면 안 된다. 아직도 소수파 중에는 아인슈타인과 같은 생각을 고수하면서, 확률적인 행동을 없앤 이론을 찾는 과학자도 있다. 하지만 그런 이론은 아무리 해도 이상야릇해지기만 할 뿐, 폭넓게 받아들여지는 이론으로 되지 못하고 있다. 이미 많은 실험 결과가 양자론이 옳다는 사실을 보여주고 있으며, 그런 사실을 인정해야만 모든 것을 제대로 이해할 수가 있다.

3-5: 중력을 양자화하는 이론은 미완성

'양자중력이론'이란

양자론은 미시세계에서 두드러지게 작용한다. 앞에서 이야기했듯이, 현실과 비현실(존재와 비존재)이 모호하게 된다는 양자론의 원리를 일상생활에서 마주치는 일은 거의 없다. 우리가 경험하는 세계가 양자론적인 극소의 세계에 비해 월등히 크기 때문이다. 크기가 크면 클수록 양자론의 특성은 사라지고 대신 고전물리학으로 표현할 수 있는 세계가 된다.

우주는 인간에 비해서도 훨씬 크기 때문에 현재의 우주 전체에서는 양자론의 특성을 찾을 수 없다. 현재의 우주 전체의 움직임은 일반상대성이론이라는 시공간의 물리학으로 설명된다. 일반상대성이론은 아인슈타인이 만든 것으로 유려하면서도 아름다운 이론이다. 이 이론은 온전히 고전물리학에 토대를 두기 때문에, 확률적인 움직임은 전혀 포함하지 않는다.

일반상대성이론은 현대물리학의 금자탑이다. 현대의 우주론은 일반상대성이론에 기초해서 구축되었다. 일반상대성이론이 없이는 우리의 우주를 이해하는 것이 거의 불가능해진다. 빅뱅 우주로부터 138억 년이 지난 현재까지 우주가 어떻게 변화해왔는지를 일반상대성이론으로 설명하면 관측 사실과 아주 잘 맞아떨어진다. 이것이 현대우주론의 표준이론이다.

그런데 여기에는 하나의 큰 문제가 가로막고 있다. 일반상대성이론과 양자론은 궁합이 매우 좋지 않다. 사실 양자론과 일반상대성이론을 하나로 통합한 이론은 지금까지도 완성되지 않고 있다. 일반상대성이론은 주로 중력을 설명하는 이론이다. 그래서 양자론을 아무런 모순 없이 포괄할 수 있는 중력이론을 '양자중력이론'이라고 부른다. 하지만 양자중력이론은 아직 미완성된 이론이어서, 아무런 모순이 없는 양자중력이론을 완성하는 것은 이론물리학자들의 오래된 꿈으로 남아 있다.

미해결인 채로 시간만 흐른다

일반상대성이론과 양자론이 완성된 것은 20세기 초였다. 두 이론은 서로 양립할 수 없어 이 둘을 모순 없이 설명하는 이론을 구축할 필요성이 처음부터 제기되었다. 하지만 100년이 흐른 지금도 이 문제는 해결되지 않고 있다.

모순 없는 양자중력이론의 유력한 후보로서 끈(string)이론[1]이 연구되고 있다. 하지만 끈이론이 처음 제기된 이후 40년 이상 지났지만, 아직 완성을 못 보고 있다. 끈이론은 소립자 연구의 연장선에서 나온 아이디어이다. 만물의 근원은 소립자와 같은 점 형태가 아니라, 끈과 같은 모양을 하면서 퍼져 있는 게 아닐까, 라는 소박한 발상에서 출발했다.

그러나 이 아이디어를 이론적으로 발전시키는 과정에서 여러 가지 문제점이 나타났고, 그 문제점을 해결하는 방법을 찾아내고, 다시 문제가 생기면 해결책을 찾는 식으로 반복되고 있는 것이 끈이론의 현 상황이다. 그래서 지금은 복잡하면서도 수학적으로 미완성된 이론으로 남아 있다. 끈이론이 현실의 세계를 제대로 설명할 수 있을지

---

1) 초끈이론, 현(弦)이론, 초현이론, M이론 등 여러 이름으로 불리지만 크게 보면 같은 연구 분야를 가리킨다. 아직 이론 전체가 완성되지 않아, 이름도 내용도 유동적이다.

없을지를 판단하려면 좀 더 시간이 필요해 보인다.

끈이론은 모순 없는 양자중력이론의 후보로서, 소립자를 연구하는 과학자들을 중심으로 정력적으로 연구돼왔다. 하지만 끈이론만이 양자중력이론의 유일한 후보는 아니다. 끈이론이 나오기 훨씬 전부터 양자중력이론에 대한 연구는 계속돼왔다. 하지만 어떤 이론도 결국에는 암초를 마주하는 모습을 반복했다. 그러면서 100년이나 지났지만, 미해결인 상태로 시간만 가고 있다.

개인적인 이야기를 하자면, 필자는 대학 졸업 후 히로시마대학의 이론물리학연구소에 대학원생으로 입학했다. 히로시마현 다케하라 시(市)에 있었던 이 연구소는 필자가 입학하고 얼마 지나지 않아 교토대학의 기초물리학연구소와 합병돼 교토로 옮겨가게 되어 지금은 사라졌다. 이 연구소는 당시 매우 독창적인 연구를 진행하고 있었다. 소립자론과 우주론 등 이론물리학에 특화된 연구가 도시의 번잡함에서 멀리 떨어진 곳에서 이뤄지고 있었다. 연구소에서 창밖을 보면 세토 앞바다가 펼쳐져 있었다. 석양이 질 때는 바다 멀리서 오고 있는 배들의 모습이 인상적인 풍경으로 지금도 필자의 기억에 남아 있다.

이 연구소가 발족한 것은 2차 세계대전이 한창일 때였다. 설립 목적은 바로 중력이론과 양자론을 통합하는 연구를 진전시키는 데 있었다. 전쟁 와중에 이처럼 세상사와 동떨어진, 전쟁에는 아무런 도움도 되지 않는 기초연구를 하는 연구소를 설립한 까닭은 무엇일까. 80년이나 지난 일이라 당시 상황을 알고 있는 사람이 남아 있지 않은 탓인지, 누구에게 물어도 제대로 된 답을 듣지 못했다. 아무튼 그 정도로 양자중력 문제는 이전부터 과학자들에게는 매우 긴박한 과제로 인식돼 온 것을 알 수 있다.

당시 연구소에서는 '파동 기하학'이라는 이름이 붙은 양자중력이론이 연구되고 있었다. 양자론은 처음 등장했을 때 '파동역학'이라고도 불렸던 것처럼 파동의 전달을 나타내는 방정식을 중요하게 다뤘다. 반면 일반상대성이론은 시공간의 기하학적 성질을 나타내는 방정식을 중요하게 다뤘다. 그래서 이 둘을 통합하는 이론에 '파동'과 '기하학'을 합쳐 '파동 기하학'이라는 이름을 붙였다.

당시 히로시마대학에 소속돼 있던 수학자와 이론물리학자들이 협력해서 연구소를 설립했다고 한다. 그 중심적인 인물이 초대 소장을 지낸 미무라 요시타카(三村剛昂)였다. 애초에는 시내의 히로시마대학 내에 연구소가 있었지만, 설립된 지 1년 후에 원자폭탄이 투하돼 주요 연구원 몇 명이 목숨을 잃고 건물도 소실되는 바람에, 미무라 소장의 고향이었던 다케하라 시에 연구소가 재건되었다고 한다.

3-6:
중력의 양자론을 검증하는 일의 어려움

'장의 양자론'

이론물리학연구소가 설립되었을 당시, 양자중력 연구는 이론물리학에서 주류 분야가 아니었다. 대신 실험 결과와 비교하면서 연구가 계속 발전하고 있었던 원자핵이론과 소립자론이 이론물리학 연구의 '꽃'으로서 인기가 높았다. 유카와 히데키(湯川秀樹, 1907~1981년)가 소립자의 상호작용에 관해 새로운 이론을 발표한 해가 1935년이었다. 제2차 세계대전 이후 유카와는 일본인 최초의 노벨상을 받았다. 그 후 소립자론은 유카와의 이론 등을 토대로 눈

부시게 발전했다. 여기서 소립자론을 기술하는 기초적인 이론이 '장(場)의 양자론'이다.

'장의 양자론'은 매우 성공한 이론으로서, 실험으로 밝혀진 소립자의 운동은 모두 이 이론을 토대로 기술된다. 2012년에 힉스입자가 발견됨으로써 과학계가 떠들썩했지만, 이미 1964년에 힉스입자가 존재한다고 이론적으로 예측되었는데, 이 예측의 근거가 된 것도 장의 양자론이었다. 힉스입자가 존재한다고 예언한 벨기에 물리학자 프랑수아 앙글레르(Francois Englert, 1932년~)와 영국 물리학자 피터 힉스(Peter Ware Higgs, 1929년~) 두 사람은 2013년에 노벨상을 받았다. 힉스입자가 존재한다고 이론적으로 예측된 후 실험적으로 검증되기까지 50년이나 걸린 셈이다.

이 밖에도 '장의 양자론'에 기초한 이론으로 많은 과학자가 노벨물리학상을 수상했다. 필자가 현재 소속된 나고야대학 출신의 고바야시 마코토(小林誠)와 마스카와 토시히데(益川敏英)도 장의 양자론에 기초해 쿼크에는 6가지 종류가 있다고 예측하는 이론을 발표한 바 있다. 이 예측이 실험을 통해 옳다고 밝혀짐으로써 두 사람은 2008년에 노벨물리학상을 받았다.

이처럼 '장의 양자론'은 다양한 소립자의 성질을 놀라울 정도로 정확히 설명한다. 소립자에 작용하는 힘에는 전부 네 종류가 있다. 전자기력, 약한 힘(약력), 강한 힘(강력), 그리고 중력이다. 전자기력은 전기와 자석이 가진 힘으로서 우리에게는 매우 친숙하다. 반면 약한 힘과 강한 힘은 원자 세계 안에서 두드러진 힘이어서 우리가 일상에서 만날 일이 없지만, 원자가 만들어지기 위해서는 빠져서는 안 되는 힘이다. 중력을 제외한 전자기력과 약한 힘, 강한 힘은 모두 '장의 양자론'으로 다룰 수 있다.

'중력'이라는 문제

네 종류의 힘 가운데 중력만 '장의 양자론'으로 다룰 수가 없다. 중력만 따돌림을 당하고 있는 셈인데, 이것은 이론적으로 볼 때 극히 불만족스러운 상황이다. 모든 힘을 하나의 틀 속으로 넣지 못하면 이론적으로 모순점이 나타나기 때문이다.

이 모순점은, 소립자에 관한 실험 결과를 이론적으로 해석할 때는 문제가 되지 않는다. 소립자에 작용하는 중력이 다른 세 종류의 힘에 비해 너무나 미약해서 중력을 무시한 이론으로도 실험 결과를 충분히 설명할 수 있기 때문이다. 소립자와 관련해서는 중력 효과가 거의 없어 실험 오차 범위 안에 묻혀버리는 것이다. 소립자의 실험 결과를 설명하는 문제뿐이라면 별로 문제가 안 된다고 할 수 있다. 우리 인간이 할 수 있는 실험 범위 안에서만 생각하면 괜찮다고 할 수 있다. 하지만 우리가 지금 실험하고 있는 범위는, 우주 전체에서 일어나고 있는 현상의 극히 일부에 지나지 않는다.

소립자 실험에서는 입자를 얼마나 빨리 운동시킬 수 있는지가 중요한 과제이다. 왜냐하면 엄청나게 빠르게 운동하는 소립자를 서로 충돌시켜야만, 보통의 상황에서는 들여다볼 수 없는 소립자의 성질을 관찰할 수 있기 때문이다. 빠른 속도로 마주 달리는 두 자동차가 충돌하면 큰 사고가 발생하면서 자동차 내부가 노출되고 보통 때는 볼 수 없었던 자동차의 특성을 볼 수 있는 것과 비슷하다. 소립자 실험은 고속의 입자를 충돌시켜 큰 사고를 일으키는 실험이라고 할 수 있다. 자동차 사고 현장을 경찰이 감식하듯이 소립자의 충돌을 분석해 어떤 일이 일어났는지를 조사하는 것이다.

충돌사고의 규모가 크면 클수록 소립자의 특성이 더 선명하게 드러난다. 사고의 규모가 클수록 충돌에너지도 엄청나게 커져서, 작은 규모 충돌에서는 알 수 없는 것을 확인할 수 있게 된다. 힉스입자를 이론적으로 예측한 지 50년이나 지나서야 발견하게 된 것도 그전까지는 엄청난 에너지로 입자를 충돌시킬 수가 없었기 때문이다. 힉스입자를 확인하는데 필요한 에너지를 그때까지의 소립자 실험에서는 얻기가 불가능했다. 거대한 자금을 투입해 대규모 실험시설을 건설함으로써 마침내 힉스입자를 발견하는데 필요한 에너지에 도달할 수 있었던 것이다.

그런데 그 정도의 대규모 실험에서도 소립자들 사이에 작용하는 중력은 완전히 무시할 수가 있다. 즉 중력을 포함하지 않는 소립자 표준이론만으로도 실험 결과를 모두 설명할 수가 있다. 그런데 이론적으로는 입자를 지금보다 훨씬 더 빠르게 운동시켜 굉장한 크기의 에너지로 충돌시킴으로써, 중력 효과를 무시할 수 없는 상황을 만드는 것을 생각해 볼 수 있다. 만약 그 정도 규모의 실험이 가능하다면, 그렇게 나온 결과는 현재의 이론으로는 설명할 수가 없다. 중력이 '장의 양자론'에 포함돼 있지 않아 생기는 모순점이 심각한 문제로 드러나기 때문이다. 이런 실험 결과를 해석할 수 있으려면, 중력을 양자론의 틀 안에 포함하는 '양자중력이론'이 필수적이다. 혹은 거꾸로, 그 실험 결과를 분석함으로써 양자중력이론을 구축하는 실마리를 찾을 수도 있다.

그러나 중력 효과를 무시할 수 없는 실험을 하는데 필요한 시설을 우리 인류는 건설할 수가 없다. 그런 실험을 하려면, 우리 태양계가 속한 은하(은하수 은하) 크기에 맞먹는 실험시설이 있어야 하기 때문이다. 따라서 입자를 거대한 에너지로 충돌시키는 실험을 통해 양자론과 중력의 관계를 직접적으로 찾으려는 시도는 성공 가능성이 거의 없다. 일각에서는 공간에 숨겨진 차원이 있다는 등, 아직 인간에게 알려지지 않은 어떤 것을 발견하면 양자론과 중력을 통일시킬 수 있다는 주장을 내놓지만, 현재로서는 다 확실한 이야기가 아니다. 게다가 세계 최대의 소립자 실험시설을 짓는데 데 들어가는 자금은 국가 예산에 영향을 미칠 정도로 막대한 거액이기 때문에, 지금까지 해 왔듯이 실험설비를 거대화하는 방식은 앞으로 계속 진행하기가 쉽지 않을 것이다.

3-7:
양자우주론

존재하는지 않는지 확실하지 않은 상태

양자론을 우주 전체에 적용하면 어떻게 될까. 이런 연구 분야를 '양자우주론'이라고 한다. 제2장에서 살펴보았던 '무로부터의 우주 탄생론'이 여기에 속한다. 우주 전체의 움직임은 일반상대성이론으로 기술할 수 있으며, 일반상대성이론은 중력이론이다. 즉, 우주 전체는 중력에 지배되기 때문에, 여기에 양자론을 적용하려면 '양자중력이론'이 필요하다.

하지만 현재 양자중력이론은 아직 완성되지 않아서, 우주 전체에 양자론을 적용하는 이론은 불완전할 수밖에 없다. 제2장에서 다룬 '무로부터의 우주 탄생론'이 불완전한 이론일 수밖에 없었던 것도 이 때문이다.

호킹이 연구했던 '무로부터의 우주 탄생론'이 흥미로운 건 분명하지만 이론적인 토대는 모호하다. 그런 모호함 속에서도 우주의 시작이 어떠했는지를 조금이나마 엿보려고 했던 시도였다. 즉 이론적으로 불완전하다는 것을 알면서도 우주 전체에 양자론을 적용해보면 어떻게 되는지를 살펴본 대담한 시도였다.

양자론에서는 존재와 비존재가 뒤섞인 상태에서 사건이 진행된다. 따라서 우주 전체에 양자론을 적용하면, 우주 전체가 존재하는지 존재하지 않는지 확실치 않은 상태가 된다. 우주가 있는지 없는지 분명히 할 수 없는 흐릿한 상태라는 것은, 너무나 어이없고 황당한 이야기로 들릴지도 모른다. 하지만 양자론이란 본질상 그런 것이다.

우주 전체가 '양자요동'이 된다

이처럼, 있는지 없는지 흐릿한 상태를 '양자요동'이라고 한다. 앞에서 양자론을 설명할 때 입자가 있는 위치가 모호해서 확정할 수 없다고 했다. 이것을 입자의 위치에 '양자요동'이 있다고 표현한다. 입자의 위치가 양자적으로 흔들리고(요동하고) 있다고 표현하기도 한다. 이 경우의 양자요동은, 측정하기 전까지는 입자의 위치가 모호한 상태에 있다는 뜻이다.

마찬가지로 우주 전체가 존재하는지 존재하지 않는지 모호한 상태에 있다는 건, 우주 전체가 양자요동 돼 있다는 뜻이다. 우주가 있는 상태와 없는 상태가 중첩돼 있고, 우주 전체가 존재와 비존재 사이에 놓인 양자적 상태. 우주 전체가 양자요동이라는 건 그런 상태를 말한다.

'무(無)'란 이처럼 우주 전체가 양자요동된 상태라고 할 수 있다. '무'란 완전히 아무것도 없는 상태가 아니라, 우주가 생겨났는지 생겨나지 않았는지, 어느 쪽이라고 확정적으로 말할 수 없는 양자적인 상태이다. 이렇게 보면 '무'란 무엇인지를 일상적인 감각으로는 이해할 수 없는 것도 무리가 아니다. 양자론은 일상의 감각을 초월해 있어, 일상 경험에 비추어 이해하기가 쉽지 않다. 우주 탄생론에서의 '무'란 본질상 양자적인 상태를 가리킨다.

우주는 시간과 공간이 합쳐진 것이다. 시간만, 혹은 공간만 따로 떼어내 생각할 수는 없다. 시간과 공간 둘 다 있어야 우주다. 따라서 우주 전체가 양자요동돼 있다는 건, 시간과 공간 모두 존재와 비존재 사이의 틈에 놓여있다는 뜻이다. 즉 '무'의 상태에서는 우리가 보통 생각하는 의미에서의 시간은 흐르고 있지 않다.

우주가 시작되기 전에는 무엇이 있었나, 라는 질문이 의미가 있으려면 우주가 시작되기 전에도 보통 생각하는 의미에서의 시간이 흐르고 있어야만 한다. 그런데 시간은 우주가 있어야만 존재할 수 있다. 우주가 없다면 시간도 없다. '무'에서는 시간이 흐르지 않으므로 '무'라는 상태가 '언제' 시작되었는가, 라는 질문도 의미가 없다.

'무'에 대한 의미 있는 질문은, '무'란 어떤 상태인지를 묻는 것이다. 다시 말하면, 우주 전체가 양자요동인 상태는 이론적으로 어떻게 나타낼 수 있는지 묻는 것이다. 이 질문이야말로 '무로부터의 우주 탄생론'의 핵심이다. 그리고 이 질문에 답하기 위해서는 완성된 양자중력이론, 혹은 그것을 대체할 수 있는 이론이 필요하다. 현재로는 양자중력이론이 완성돼 있지 않으므로, 양자론과 중력의 성질을 토대로 삼아 '무'의 상태를 추측해 보는 수밖에 없다. 물리학자가 양자요동으로서의 시공간을 말할 때는, 이런 제한과 한계 속에서 이야기하고 있다는 걸 염두에 둬야 한다.

제4장
상대성이론과 우주론

4-1: 시간과 공간은 단순한 무대인가

4-2: 아인슈타인의 등장

4-3: 운동의 상대성이란

4-4: 중력이란 무엇일까

4-5: 시공간이 휘어져 있다는 것의 의미

4-6: 중력은 빛을 휘게 한다

4-7: 우주를 모델화하다

4-8: 우주 팽창의 발견과 르메트르

4-9: 우주는 어디를 향해 팽창하는가

4-1:
시간과 공간은
단순한 무대인가

시간과 공간이란 무엇인가

우주는 시간과 공간으로 둘러싸여 있다. 그렇다면 시간과 공간은 대체 무엇일까. 일상생활에서는 시간과 공간이 공기처럼 너무나 당연한 것으로 여겨져서 그것의 본질에 대해 생각하는 일이 거의 없다. 그런 본질을 계속 생각하다 보면 오히려 일상을 영위하는데 방해가 될 수도 있다.

바쁘게 움직이는 비즈니스맨은 시간에 쫓기면서 일을 한다. 시간을 계속 확인하면서 일정을 소화하지 않으면 안 된다. 그런 와중에 문득 자신이 쫓기고 있는 이 시간이란 과연 무엇인가, 라는 의문이 들면서 그 생각에 줄곧 빠져 있게 된다면 결국엔 일자리를 잃게 될지 모른다.

물리학은 시간과 공간이 본질상 같다고 본다. 일상적으로도 우리는 약속을 잡을 때 '언제, 어디서'라고 시간과 장소(공간)를 동시에 정한다. 이런 점을 봐도 시간과 공간에는 어떤 공통점이 있는 게 아닐까, 라는 생각을 조금은 해볼 수도 있다. 하지만 우리는 대개 시간과 공간이 매우 다르다고 느낀다. 일에 쫓기며 바쁘게 사는 사람은 '시간이 없어, 시간이 없어'라고는 해도 '공간이 없어, 공간이 없어'라고는 하지 않는다.

왜 그럴까. 시간은 한 방향으로만 흐르는 데 반해 공간은 자유로이 왔다 갔다 할 수 있다. 이처럼 둘 사이에 자유로운 정도에서 차이가 있기 때문이 아닐까. 시간은 공간보다 통제하기가 어렵다고 느끼는 것이다. 공간이 없는(공간이 좁은) 상황으로부터는 벗어날 수 있지만, 시간이 없는 상황에서는 벗어나기가 어렵다. 폐쇄공포를 느낄 만큼 아주 좁은 장소에 갇혀 있다면 '공간이 없어, 공간이 없어'라고 말할지도 모르겠지만 말이다. 아무튼 우리는 일상에서 시간과 공간을 어느 정도 자유롭게 선택하고 별 어려움 없이 생활할 수 있어, 새삼스럽게 시간과 공간의 의미를 따져보는 경우는 별로 없는 듯하다.

시간과 공간은 시계나 자를 통해 잴 수 있고 숫자로 표현할 수도 있다. 그래서인지 우리는 시간과 공간이 마치 우리 눈앞에 존재하는 것처럼 여긴다. 하지만 시간 자체와 공간 자체를 눈으로 보는 것은 불가능하다. 시간의 '길이'는 시곗바늘의 움직임이나 디지털로 표시된 숫자를 통해 잴 수 있고, 공간의 '크기'는 자나 물체의 위치를 통해 잴 수 있다. 그러나 척도가 되는 그런 물체가 없다면, 시간과 공간은 잴 수가 없다. 그렇다면 그런 물체가 없는 상황에서도 시간과 공간은 존재할까.

시간과 공간은 물체의 운동과 관계가 있다

근대물리학의 창시자인 뉴턴은 물체의 운동을 역학법칙으로 체계화했다. 고전물리학을 대표하는 이론인 뉴턴역학은 시간과 공간을, 물체의 운동과는 관계없이 오래전부터 쭉 변함없이 존재해 온 것으로 간주한다. 즉 이 세계에 물체가 존재하지 않아도 시간과 공간은 이전부터 계속 존재했었고 앞으로도 그렇게 존재한다고 본다. 과연 그런가. 물체가 없으면 시간과 공간을 측정할 수 없는데, 물체와 상관없이 시간과 공간이 존재할 수 있을까. 이런 의문이 떠올라도 전혀 이상하지 않다.

필자는 대학에서 주로 이공계 학생들을 대상으로 물리학 강의를 하지만, 가끔은 이공계가 아닌 학생들이 대상일 때도 있다. 그중에 간호학과 1학년 대상의 물리학 개론 수업이 있었다. 학과 특성상 고등학교에서 물리를 배우지 않은 학생이 대부분이고, 또 물리학에 대해 별로 좋은 인상을 받지 못한 학생들이 태반이었다. 물리학을 배우고 싶다는 동기를 가진 학생을 거의 찾아볼 수 없는 수업이었다. 이렇게 되면, 사실 가르치는 측에서도 별로 신이 나지 않는다.

아무튼 수업을 듣는 학생들이 뉴턴역학에 익숙하지 않다고 여긴 필자는, 이들이 시간에 대해서 어떻게 생각하고 있는지가 궁금했다. 그래서 첫 번째인지 두 번째 강의 시간에 '이 세상에 있는 물체가 모두 정지해 버리고 운동을 하지 않는다면, 그래도 시간은 계속 흐르고 있을까'라는 질문을 던지고 리포트로 제출하라는 과제를 냈다. 이 질문에는 정답이 없으므로 자유롭게 자기 생각을 풀어내면 된다는 말도 덧붙였다.

리포트를 확인해 보니 '그렇지만 시간은 흐른다고 생각한다'는 답과 '그런 경우에 시간은 흐르지 않는다'는 답이 거의 반반이었다. 고교물리를 배운 학생과 배우지 않은 학생 사이에 답에 차이가 있는지 알아봤더니 별 상관이 없었다. 질문 자체가 현실에서는 있을 수 없는 설정이어서 구체적인 실마리가 없는 만큼, 리포트에는 학생들 각자의 직관적인 생각이 직접적으로 반영돼 있었을 것이다. 사람에 따라 시간을 인식하는 방법은 조금씩 다를 수밖에 없다. 독자 여러분은 어느 쪽일까. 아마 물리학 전공자 사이에서도 답은 나누어지지 않을까 짐작된다.

시간이란 생각하면 생각할수록 알쏭달쏭한 존재다. 시간은 과거에서 미래를 향해 한 방향으로만 나아가고, 공간과 달리 자유롭게 오고 갈 수 없는 까닭은 무엇일까. 이처럼 수수께끼로 가득 찬 존재이지만, 우리에게 시간이 흐르는 것은 너무나 당연해서 대개는 더 깊은 의미를 찾으려고 하지 않는 것 같다.

뉴턴역학에서는 시간과 공간이 물체와는 상관없이 독립적으로 존재한다고 본다. 시간과 공간은 물체가 운동하는 무대이고, 세상 만물은 이 무대(시간과 공간)에서 춤추고 있는데 지나지 않는다는 식이다. 그것을 관찰하는 인간은 무대를 바라보는 관객과 같다. 시간과 공간이 무대에 지나지 않는다면, 배우가 무대에서 내려와도 무대는 거기 그대로 있듯이, 시간과 공간도 그대로 존재할 것이다. 배우인 물체도, 관객인 관찰자도 없는 휴관 중인 무대와 같을 것이다.

이런 관점에 서면, 모든 물체의 운동이 정지해도 시간과 공간은 거기 그대로 계속 존재한다. 무대는 배우가 있는지 없는지에 관계없이 쭉 그 자리에 있게 된다. 하지만 시간과 공간은 물체와 상관없이 독립적으로 존재한다는 뉴턴역학의 사고방식은 상대성이론의 등장으로 여지없이 무너졌다. 시간과 공간이 과연 고정된 무대에 불과할까, 라는 의문을 품었던 아인슈타인은, 깊은 사색과 통찰을 통해 그것이 잘못된 전제라는 걸 밝혀냈다.

4-2:
아인슈타인의 등장

상대성이론과 빛의 성질

아인슈타인이 상대성이론을 세울 수 있었던 데는 그만한 동기가 있었다. 그는 어린 시절에 빛과 같은 속도로 빛을 쫓아가면, [같은 속도로 달리는 두 자동차가 상대를 바라보면 서로 정지한 것처럼 보이듯이] 빛은 정지한 것처럼 보이게 될까, 라는 문제를 생각한 적이 있다고 한다.

빛은 전자기파의 일종이다. 전파도 전자기파의 일종이다. 빛도 전파도 전자기파라는 점에서 본질상 정체는 같지만, 빛이 전파보다 훨씬 빠르게 진동한다는 점에서 차이가 있다[라디오파라고도 불리는 전파는 파장은 1mm~100km, 주파수는 3kHz~300Hz인 전자기파이다. 전자기파는 파장의 길이에 따라 전파-적외선-가시광선-자외선-엑스선-감마선 등으로 분류되며, 오른쪽으로 갈수록 파장은 짧아지고 주파수는 많아진다. 전파는 파장이 길어 주변 물체의 영향을 덜 받기 때문에 라디오나 TV 방송, 휴대전화, 레이더, 내비게이션 등의 신호 전달에 이용된다].

일반적으로 파(波)란, 어떤 물질이 있어서 그 물질을 전달하는 것이다. 수면에서 만들어지는 파는 물을 통해서 전달된다. 또 우리가 소리를 들을 수 있는 것은 공기의 진동이 전달되기 때문이다. 끈을 팽팽하게 당겼다가 놓아서 진동시키면, 그 진동이 파가 되어 끈을 전달한다.

그렇게 생각하면, 빛도 당연히 어떤 물질을 전달하는 파동이라고 추론해야 맞다. 그러나 빛은 물질이 없는 진공의 공간에서도 전달될 수 있는 예외적인 파이다. 쉬운 예로, 태양 빛이 있다. 태양에서 나오는 빛은 지구에 도달하기까지 거의 진공 상태인 우주 공간을 거친다. 반면 소리는 진공 속에서는 전달이 되지 않기 때문에, 태양의 표면에서 폭발이 일어나도 지구에서는 그 소리를 들을 수가 없다. 우리 주변의 파 중에서 빛이나 전파 같은 전자기파만이 파동을 전해주는 물질이 없어도 전달이 된다.

물질 속에서 파가 전달될 때, 파는 그 물질에 대해서 일정한 속도를 갖는다. 따라서 공기를 통해 전달되는 소리는, 바람이 불게 되면 바람이 부는 방향으로는 소리의 전달 속도가 빨라지고 반대편 방향으로는 속도가 느려진다. 이때 바람과 같은 속도로 움직이고 있는 사람이 있다면, 그 사람에게는 바람이 불지 않는 것[바람이 정지한 것]과 같아서 어느 방향에서도 소리가 같은 속도로 전해지게 된다. 그러나 물질이 없는 곳을 나아가는 전자기파는, 파를 전달하는 물질이 없어 물질에 대한 속도가 일정하다는 성질 자체가 없다. 그렇다면 전자기파의 속도는 무엇을 기준으로 정해지는 걸까.

운동은 상대적인 것

빛도 전파도 진공에서는 초속 30만km로 나아간다. 그런데 빛이 물질을 전달하지 않는다면, 이 속도는 무엇에 대한 속도인가. 이런 당연한 의문이 물리학자들을 괴롭혔다. 처음에는 진공으로 여겨지는 공간에도 우리가 미처 알지 못할 뿐, 빛이나 전파를 전달해주는 어떤 물질이 있지 않을까, 라고 생각했다. 그래서 빛을 전달해주는, 정체가 불분명한 그 물질에 대해 '에테르'라는 이름을 붙였다.

지구는 자전하면서 동시에 태양 주위를 공전도 하므로, 우주 공간에서 본다면 지구상의 물체는 늘 방향을 바꾸면서 운동하고 있다. 에테르가 우주 공간에 정지해 있다면, 에테르에 대해서 운동하고 있는 지구에는 [지구의 운동으로 인해 생긴] 에테르의 바람이 항상 불고 있을 것이다. 그렇게 되면 에테르가 만드는 바람의 위쪽에서는 빛의 속도가 조금 느려지고, 바람 아래쪽에서는 조금 빨라지게 될 것이다.

그런데 아무리 정밀하게 측정해도, 빛의 빠르기는 지구의 운동과 관계없이 늘 일정하다는 결과가 얻어졌다. 이것은 에테르가 존재한다는 가정 자체가 잘못되었다는 것을 의미한다. 그뿐만 아니라, 관측자가 움직이든 정지하든 상관없이 측정된 빛의 속도는 늘 일정했다. 이것은 매우 이상한 일이 아닐 수 없다. 보통의 경우라면, 빛의 진행 방향으로 쫓아가면서 광속을 측정하면 쫓아가는 속도만큼 빛의 속도는 느리게 보여야 한다. 또 빛이 나아가는 방향과 반대로 가면서 측정하면 그만큼 빛은 빠르게 움직이는 것처럼 보여야 한다. 그런데도 실제로는 어느 경우에도 빛의 속도는 똑같았다. 진공 속을 나아가는 파는 어떤 방법으로 측정해도 빠르기가 일정했다. 빛은 상식을 벗어난 괴짜였다.

그렇게 과학자들이 혼란스러워할 때 등장한 인물이 젊은 아인슈타인이었다. 그는 빛의 성질을 설명하기 위해 에테르 같은 물질을 개입시킬 필요가 없다고 주장했다. 그는 처음부터 진공 안에서 빛의 빠르기는 일정해야 한다고 생각했다. 에테르가 없다면 빛은 진공의 공간을 나아가는 것이 된다. 물질이 없는 진공의 공간은, 움직이고 있는 사람에게도 정지한 사람에게도 같은 공간으로 보인다. 움직이고 있는가 정지하고 있는가, 라는 구분은 어떤 물체를 기준으로 할 때만 의미가 있다. 하지만 진공에는 그런 기준이 될만한 것이 아무것도 없다. 유일한 기준은 빛의 속도를 측정하고 있는 관찰자뿐이다.

어떤 물체가 운동하고 있는지 아닌지는, 비교할 수 있는 다른 물체가 있을 때 의미가 있다. 다른 물체가 아무것도 없는 공간에서는, 어떤 물체가 운동하고 있는가 아닌가를 결정할 수단이 없다. 옛날 사람들은 지면이 정지해 있다고 생각했다. 이 경우, 지상에 사는 사람이 운동하고 있는가 정지하고 있는가를 구분하는 기준은 지면이 된다. 지면에 고정된 의자에 앉아있는 사람은 정지하고 있다고 말할 수 있다. 움직이는 기차의 의자에 앉아있는 사람은 지면에 대해 움직이고 있다. 그렇지만 지구는 자전하기 때문에, 실제로는 지면도 움직인다. 따라서 지상에서는 정지한 것으로 보여도 우주공간에서 보면 움직이고 있는 것이 된다.

지구는 또 태양 주위를 공전하고 있으며, 태양도 우주 공간에서 정지하고 있는 게 아니다. 태양은 거대한 별들의 집단인 우리 은하(은하수 은하)의 중심을 향해 회전운동하고 있으며 한 번 회전하는 데 2억 년이 걸린다. 나아가 우리 은하 자체도 훨씬 더 큰 우주의 관점에서 보면 다른 은하들에 대해서 운동하고 있다.

이처럼 운동이라는 것은 다른 물체와의 위치 관계를 통해서만 결정된다. 즉 운동은 상대적이다. 그런 점에서 보면, 에테르가 우주 공간에 가득 찬 채 정지해 있다고 생각하는 것은 절대 기준을 공간에 부여하기 때문에 잘못된 것이었다. 그런 절대 기준이란 있을 수 없다. 그런 측면에서 아인슈타인이 생각해 낸 이론을 '상대성이론'이라고 부른다.

4-3:
운동의 상대성이란

광속은 무엇에 대한 속도인가

모든 운동이 상대적이라면 진공 속을 나아가는 빛의 속도는 무엇에 대한(무엇을 기준으로 한) 속도인가, 라는 의문이 바로 든다. 진공에는 기준이 될 만한 물체가 없기 때문이다. 진공에서 빛의 속도가 초당 약 30만km라는 것은 확실한 관측 결과이다. 이 속도는 관측자가 움직이든 움직이지 않든 변하지 않는다. 진공을 나아가는 빛의 속도에 대해서는 관측자가 유일한 기준이기 때문이다. 이런 사실을 토대로 아인슈타인은 이론적으로 진공에서의 광속은 일정해야만 한다고 생각했다. 또 빛의 속도가 일정하기 위해서는 시간과 공간은 고정된 것이라는 기존의 상식을 버려야 한다고 보았다. 그 이유는 아래에서 설명하듯이 아주 단순하다.

두 명의 관측자를 생각해보자. 첫 번째 관측자가 빛의 속도를 측정하면 초당 30만km라는 결과가 얻어진다. 이것은 당연하다. 다음으로 두 번째 관측자가 있어, 첫 번째 관측자에 대해 빛이 진행하는 방향으로 초당 10만km의 속도로 운동한다고 해보자. 이 경우 첫 번째 관측자가 보면, 두 번째 관측자는 초속 10만km의 맹렬한 빠르기로 빛을 쫓는 상태에서 광속을 측정하는 것으로 보일 것이다.

첫 번째 관측자가 보기에, 빛의 속도는 초속 30만km이고, 두 번째 관측자가 초속 10만km로 빛과 같은 방향으로 움직이기 때문에, 빛과 두 번째 관측자 사이의 거리는 매초 20만km씩 증가해 간다[30만-10만km=20만km]. 따라서 첫 번째 관측자는, 두 번째 관측자가 빛의 속도를 초속 20만km로 측정하리라고 생각한다. 이것이 옳다면 두 번째 관측자에게 빛의 속도는 초속 30만km보다 느린 것이 된다. 이것은 빛의 속도는 누가 측정해도 일정해야 한다는 상대성이론에 반하는 결과이다. 상대성이론에 따르면 두 번째 관측자도 첫 번째 관측자와 마찬가지로 광속을 초당 30만km로 측정해야 하기 때문이다.

이것은 대체 어떻게 된 일일까. 얼핏 모순되는 것처럼 보인다. 하지만 이것이 모순된 것처럼 보이는 까닭은 시간과 공간이 누구에게나 공통되고, 고정돼 있다는 선입관에 갇혀 있기 때문이다. 실제로는 첫 번째 관측자와 두 번째 관측자에게 시간의 흐름과 공간의 척도는 같지 않다. 첫 번째 관측자가 두 번째 관측자를 보면, 시간은 더디게 흐르는 것으로 보이고, 공간도 줄어든 것으로 보이게 된다. 시간과 공간의 이런 기묘한 성질 때문에 첫 번째 관측자에게는, 빛과 두 번째 관측자 사이의 거리가 매초 20만km로 증가하고 있는 것으로 보여도, 정작 두 번째 관측자는 빛의 속도를 초속 30만km로 측정하게 된다. 그래도 전혀 모순이 생기지 않는다.

이런 현상은 두 번째 관측자가 빛과 반대 방향으로 움직여도 똑같이 일어난다. 두 번째 관측자가 빛이 움직이는 방향과 반대쪽으로 초속 10만km로 움직인다고 해보자. 첫 번째 관측자에게는, 빛과 두 번째 관측자가 초당 40만km로 멀어져 가는 것처럼 보일 것이다[30만+10만km=40만km]. 그는 또 두 번째 관측자가 빛의 속도를 초속 40만km로 측정한다고 생각할 것이다. 그러나 이번에도 역시 두 번째 관측자는 광속을 초속 30만km로 측정한다. 첫 번째 관측자와 두 번째 관측자에게는 시간과 공간이 같지 않기 때문에 이런 일이 일어난다.

시공간에 대한 고정관념을 버리면

이것은 뭔가 대단히 부자연스러운 설명이라고 여겨질지도 모른다. 하지만 수식을 사용하면 아무런 모순 없이 모두 설명이 된다. 본서에서는 수식을 사용하지 않고 설명한다는 원칙을 세우고 있어 생략하고 넘어가겠지만, 사실 이것을 설명하는 수학적 추론은 그다지 어렵지 않다. 중학교 정도의 수학 지식만 갖춰도 이해할 수 있을 정도다. 다만, 제대로 이해하기 위해서는 시간과 공간에 대한 고정관념을 버리는 것이 무엇보다 중요하다. 흥미가 끌리는 독자는 상대성이론에 관한 입문서를 구해서 도전해 보기 바란다.

고속으로 운동하는 물체의 시간이 천천히 흐른다는 사실은, 그동안 매우 정밀한 실험을 통해 확인돼 왔기 때문에 의문의 여지가 없다. 실험 결과는 상대성이론에서 예측한 대로였다. 앞에서 첫 번째 관측자가 두 번째 관측자를 볼 때는 시간이 천천히 흐르는 것으로 보인다고 했다. 그런데 두 번째 관측자는 자신의 시간이 천천히 흐른다는 사실을 의식하지 못한다. 시간을 느끼는 인간의 체내(體內) 시계도 천천히 흐르기 때문에, 자신은 여느 때처럼 시간이 흐르고 있다고 느끼게 된다. 특별히 자신이 슬로모션처럼 움직인다고 느낀다든지 하는 일은 없다.

그렇다면 두 번째 관측자가 첫 번째 관측자를 보면, 시간이 빠르게 흐르는 것으로 보이게 될까. 아니, 그렇지 않다. 두 번째 관측자에게는, 자신은 정지해 있고 첫 번째 관측자가 움직이고 있는 것이 된다. 이것은 첫 번째 관측자가 두 번째 관측자를 볼 때와 다르지 않고, 단지 입장만 바뀌었을 뿐이다. 따라서 두 번째 관측자가 볼 때도 첫 번째 관측자의 시간이 천천히 흐르고 있는 것으로 보인다. 서로 상대의 시간이 천천히 흐르는 것처럼 보이는 것이다.

    이런 설명이 얼핏 모순된 것처럼 보이는 까닭은, 앞에서 이야기했듯이 시간과 공간이 누구에게나 공통된 것이라고 보는 고정관념 때문이다. 실제로는 시간과 공간은 절대적인 것이 아니라, 관측자의 운동 상태에 따라 변하는 상대적인 존재이다.

4-4: 중력이란 무엇일까

뉴턴역학이 만든 세계

자연은 참으로 심오하다. 상대성이론이 나오기 전에는 시간과 공간은 누구에게나 공통된 존재라고 여겨졌다. 그러나 상대성이론의 등장으로 그와 같은 생각을 바꾸지 않으면 안 되었다. 시간과 공간은 누구에게나 똑같은 절대적인 존재가 아니라는 게 밝혀졌다.

그렇다고 뉴턴역학이 완전히 틀렸다고 생각할 필요는 없다. 우리가 일상적으로 경험하는 세계는 초속 30만km의 광속보다는 훨씬 느린 속도를 가진 세계다. 예컨대 고속철도는 기껏해야 시속 300km

남짓이다. 우리에게는 매우 빠르게 느껴지지만, 광속에 비하면 300만 분의 1도 안 되는 속도다.

광속보다 충분히 느린 운동을 하는 한 상대성이론의 효과는 극히 미미하다. 이런 환경에서는 뉴턴역학이 대단히 높은 정확도를 가지고 작동한다. 따라서 일상생활에서는 시간과 공간이 누구에게나 공통된다고 해도 별 지장이 없다. 실제로 우리는 그렇게 생각하면서 생활한다.

이처럼 뉴턴역학은 우리가 보통 경험하는 범위에서는 매우 뛰어난 이론이다. 그 범위를 벗어날 때 자연은 전혀 다른 모습을 보이게 된다. 예컨대 우리 육안으로는 볼 수 없는 미시세계에서는 양자론의 효과가 두드러지고, 일상에서는 거의 얻을 수 없는 속도로 운동하는 세계에서는 상대성이론의 효과가 두드러지는 식이다.

뉴턴역학은 중력의 원인을 모른다

여러분은 뉴턴의 만유인력의 법칙에 대해 들어보았을 것이다. 세상의 모든 물체는 서로 끌어당기고 있다는 법칙이다. 만물이 서로 끌어당기고 있다고 하지만, 그 힘(인력)은 매우 약하다. 만두를 양손에 들고서 서로 가까이 접근시켜도 어떤 인력도 느낄 수 없다. 실제로는 서로 끌어당기지만, 너무 약해서 우리로서는 느낄 수가 없는 것이다.

식탁 위에 그릇을 몇 개 올려놓아도 그것들이 서로 끌어당겨서 한곳에 모이는 일 같은 건 일어나지 않는다. 손에 잡히는 작은 물체들 사이에 만유인력이 작용하는 것을 관측하기는 불가능하다. 만유인력은 질량이 크면 클수록 강해지는 성질이 있다.

손에 잡히는 크기의 두 물체 사이에 작용하는 인력은 너무나 미약하지만, 다른 한쪽이 지구가 되면 이야기가 달라진다. 지상에 있는 모든 물체는 만유인력에 의해 거대한 지구 쪽으로 끌어당겨지고 있다. 지구 중심으로 끌어당기는 이 힘, 즉 중력에 의해 모든 물체는 낙하하게 된다.

중력이 존재하는 세계에서 태어나서 쭉 자라게 되면 물체가 아래를 향해 떨어진다(낙하)는 사실을 당연하게 여긴다. 물리학을 모른다면 그 이유를 생각해보려고도 하지 않을 것이다. 하지만 그런 당연한 것에도 당연하게만 볼 수 없는 이유가 있다. 만유인력의 법칙이 발견됨으로써 지구에서 물체가 낙하하거나, 달이 지구 주위를 돌거나, 지구가 태양 주위를 도는 이유 등을 하나의 법칙으로 설명할 수 있게 되었다. 그전까지는 서로 다른 개별적인 현상으로 여겨졌던 것들을 통일적으로 이해할 수 있게 된 것이다. 정말이지 대단한 위업이 아닐 수 없다.

그런데 왜 만유인력의 법칙이 성립하는지 생각해 본 적이 있는가.

서로 떨어져 있는 물체들 사이에 직접적으로 힘이 작용해 서로 끌어당긴다는 건, 매우 불가사의하게 여겨지지 않는가. 예컨대 천체들 사이의 공간은 거의 진공 상태이어서 힘을 전달할 수 있는 물질이 없다. 그런데 어떤 방식으로 천체들끼리 인력이 작용할까.

이런 의문에 대해 뉴턴은 별다른 답을 내놓지 않았다. 만유인력의 법칙으로 여러 현상을 설명할 수 있으므로, 그 원인에 대해서 이런저런 가설을 세울 필요는 없다고 했다. 그는 이것을 '나는 가설을 만들지 않는다'는 말로 표현했다. 지금 생각해보면, 뉴턴역학의 범위 안에서는 어차피 중력의 원인을 밝혀내는 게 불가능하다. 중력은 시공간의 성질과 밀접한 관계가 있어, 중력을 제대로 이해하기 위해서는 상대성이론을 통할 수밖에 없기 때문이다.

아인슈타인은 천재의 대명사지만, 그를 널리 유명하게 만든 계기는 바로 중력의 원인을 밝혀낸 데 있었다. 시간과 공간에 대해서 상대성원리를 끌어낸 그는, 시공간의 성질을 더 깊이 파고들어 뉴턴이 묻어두었던 중력의 원인을 생각하기 시작했다. 그렇게 10년의 세월을 바쳐 마침내 중력에 대한 새로운 이론을 완성했다.

4-5: 시공간이 휘어져 있다는 것의 의미

특수상대성이론과 일반상대성이론

아인슈타인이 1905년에 발표한 중력을 포함하지 않은 상대성이론은 '특수상대성이론'이라 부르고, 10년 뒤인 1915년에 발표한 중력을 포함한 확장된 상대성이론은 '일반상대성이론'이라고 부른다. 아인슈타인은 두 이론을 거의 혼자 힘으로 만들었다.

일반상대성이론에 따르면, 중력의 정체는 시공간의 휘어짐이다. 시공간은 관측자에 따라 달라져 보일 뿐 아니라, 구부러지거나 휘어질 수가 있다. 조금도 휘어지지 않은 채 펼쳐진 시공간에는 중력이 없다. 시공간이 휘어져 있는 곳에서만 중력이 발생한다.

이것을 쉽게 설명하기 위해 흔히 거론되는 이미지가 있다. 트램펄린에 아무도 올라가 있지 않을 때는 표면이 평평하게 펼쳐져 있다. 표면이 기울어져 있지 않으면 그 표면 위에 아주 가벼운 공을 올려놓아도 그 공은 움직이지 않는다.

그런데 트램펄린 위에 크고 무거운 볼링공을 놓으면, 공이 놓인 위치를 중심으로 트램펄린의 표면이 움푹 들어가면서 공 주변에 경사가 생긴다. 거기에 파친코에 쓰이는 구슬을 올리면 경사면을 따라 미끄러져 내려간다. 이것은 마치 구슬이 볼링공 쪽으로 끌어당겨져서 움직이는 것과 같다. 만약 트램펄린의 존재를 무시하고, 볼링공과 구슬만 본다면 볼링공에 구술이 끌어당겨지는 것처럼 보일 것이다.

이 예에서는 구슬이 작아 볼링공은 거의 움직이지 않는다. 하지만 구슬 대신 무게가 비슷한 또 다른 볼링공을 놓으면 어떻게 될까. 이번에는 두 볼링공이 서로 끌어당기듯이 가까워질 것이다. 이런 움직임은 만유인력의 법칙과 비슷하다.

트램펄린 표면이 아니라 이제 시공간이 휘어져 있다고 생각해보자. 그러면 휘어진 시공간에 놓인 물체들도 트램펄린 위에서와 마찬가지로 서로 끌어당기는 것처럼 보일 것이다. 물론 시공간은 4차원이어서 이 정도로 단순하지는 않지만, 트램펄린을 이용해서 보여주는 이미지는 시공간의 휘어짐을 직관적으로 이해하는 데 도움을 준다.

실제로는 수식을 이용해 시공간의 휘어짐을 나타낼 수 있고, 그 휘어짐으로 인해 어느 정도 크기의 중력이 작용하는 지도 정확히 계산할 수 있다. 그 수식을 아인슈타인이 발견했기 때문에 '아인슈타인의 (중력) 방정식'이라고 부른다. 아무리 아인슈타인이 천재라고 하지만, 이 방정식을 끌어내기까지는 많은 시행착오를 겪어야 했다. 한때 틀린 방정식을 발표했다가 뒤늦게 잘못된 것을 깨닫고 취소하는 등 과정이 험난했다.

아인슈타인이 특수상대성이론을 완성했을 때는 그다지 복잡한 수학이 필요 없었다. 사실 특수상대성이론은 중고교 수학을 제대로 배운 사람이라면 따라가기에 별 어려움이 없다. 아인슈타인은 직관적으로 생각하는 타입이어서 일반상대성이론을 만들 때도 수학에 별로 의지하지 않으려고 했다. 하지만 연구를 진행할수록 고도의 수학을 끌어들이지 않으면 문제가 해결되지 않는다는 사실을 깨달았다. 그래서 친구인 수학자 마르셀 그로스만(Marcel Grossmann, 1878~1936년)에게 도움을 청해 난해한 수학의 가르침을 받았다. 그 결과 아인슈타인은 자신이 만들려는 중력이론에는 수학이 매우 중요한 역할을 맡는다는 걸 인정하게 되었다.

이렇게 탄생한 것이 일반상대성이론이다. 이런 연유로 일반상대성이론은 특수상대성이론보다는 고도의 수학적 이론이 되었다. 물리이론에 필요한 수학적인 틀이, 물리와는 관계없는 수학자들에 의해 이미 준비돼 있었다는 사실은 아인슈타인에게 꽤 충격이었을 것이다.

4-6: 중력은 빛을 휘게 한다

빛도 중력 탓에 무거운 쪽으로 끌린다

일반상대성이론과 뉴턴의 중력이론(만유인력의 법칙)은 중력의 성질에 대해 거의 같은 예측을 하지만, 세세하게 보면 다른 부분이 있다. 만약 두 이론이 완전히 같은 결과만 끌어낸다면, 뉴턴 이론보다 복잡한 일반상대성이론은 이론적인 부분은 몰라도 실용적인 측면에서는 별 의미가 없을 것이다. 하지만 실제로는 그렇지 않다.

아인슈타인의 일반상대성이론에 따르면, 중력이 있는 공간을 빛이 나아갈 때 빛의 진로가 미미하게 휘어진다. 즉 빛도 중력에 의해 무거운 쪽으로 끌어당겨지는 것이다. 빛은 무게가 없다. 따라서 빛이 중력의 영향을 받아 휘어진다는 말은 이상하게 들릴지도 모른다. 그러나 앞에서 이야기했듯이 중력의 본질은 시공간의 휘어짐이기 때문에, 휘어진 시공간을 빛이 지나가면 자연히 진로가 구부러지게 된다.

예를 들어, 별빛이 태양 주변을 가까이 지나서 지구까지 오는 상황을 생각해보자. 태양 주변의 중력에 의해 별빛의 진로가 아주 조금이지만 태양 중심을 향해 휘어진다. 즉 빛이 중력에 의해 굴절된다. 그 결과 지구에서 보면, 별이 원래 보여야 하는 방향보다 태양으로부터 살짝 벗어난 곳에서 보이게 된다.

그렇지만 실제로 이런 효과를 관측하기는 매우 어렵다. 별빛에 비해 태양은 매우 밝기 때문에 낮에 별을 관찰하기는 힘들다. 하물며 태양 근처를 스치고 오는 별빛을 관측한다는 게 간단치 않으리라는 건 쉽게 상상할 수 있다.

그런데 태양의 강한 빛을 피해서, 태양 근처에 있는 별을 관찰할 기회가 있다. 바로 일식 때이다. 일식은 달이 태양을 가리는 현상으로 독자 여러분들 중에도 직접 일식을 본 경험이 있을 것이다. 일식 중 자주 일어나는 건 부분일식이고, 태양의 일부만이 가려지는 현상이다. 이에 반해 태양 전체가 완전히 달에 가려지는 것이 개기일식이다. 개기일식 때는 낮에도 주위가 밤처럼 어두워진다. 이 개기일식을 기회로 삼아, 태양 가까이 있는 별을 관찰하면 일반상대성이론이 옳은지 그른지를 확인할 수 있다. 실제로 아인슈타인이 일반상대성이론을 완성한 지 얼마 지나지 않아, 개기일식을 이용해 그 이론이 옳은지를 확인하려는 관측이 이뤄졌다.

개기일식으로 검증된 일반상대성이론

지구 위의 한 장소에만 국한해서 보면 개기일식은 드물게 일어나지만, 지구 전체로 넓히면 비교적 자주 개기일식을 만날 수 있다. 그래서 영국의 천문학자 아서 에딩턴(Sir Arthur Stanly Eddington, 1882~1944년)은 일반상대성이론이 옳은지를 확인하기 위해 개기일식 관측대를 결성해, 1919년 아프리카 프린시페 섬으로 가서 개기일식 때 빛이 휘어지는지를 관측했다. 그 결과 일반상대성이론의 예측이 옳다는 걸 확인할 수 있었다.

사실은, 빛을 무한히 가벼운 입자라고 간주하면 뉴턴 이론에서도 빛이 굴절되는 현상을 예측할 수 있다. 그러나 일반상대성이론이 예측하는 굴절 각도와 비교하면, 뉴턴의 이론은 정확히 절반의 굴절 각도를 예측한다. 따라서 실제로 관측된 굴절 각도가 어느 정도인가에 따라 아인슈타인 대 뉴턴의 승부가 결정될 수 있었다. 관측 결과, 일반상대성이론이 예측한 각도가 더 정확하다는 걸 보여주었다.

이 관측으로 일반상대성이론이 옳다는 게 입증됨으로써, 아인슈타인은 대중매체에 의해 하루아침에 유명인사가 되었다. 일반상대성이론이 매우 난해하다는 점도 작용해 이때부터 아인슈타인은 천재의 대명사가 되었다. 아인슈타인보다 머리가 좋은 사람은 얼마든지 있을 수 있다. 하지만 기존의 상식을 완전히 뒤집는 사고를 통해, 그것도 거의 혼자 힘으로 물리학의 기본 틀을 바꾼 것과 같은 일은, 아무리 머리가 좋은 사람이라도 좀처럼 할 수 없는 일이다.

거기다 아인슈타인의 이론이 나온 지 얼마 되지 않아 관측을 통해 이론의 정확성이 입증된 것도 중요하게 작용했다. 만약 일반상대성이론이 실험이나 관측을 통해 확인할 수 없는 효과만을 예측했다면, 단지 하나의 난해한 이론으로 취급돼 방치됐을 수도 있다. 현실의 세계와 접점이 없는 이론은 그것의 옳음을 확인할 방법이 없기 때문이다.

아인슈타인은 처음부터 실험이나 관측과는 관계없이, 시간과 공간의 본질에 대해 오랫동안 머릿속으로 계속 생각을 해왔고, 그 깊고 집중된 사고는 마침내 두 개의 상대성이론으로 귀결되었다. 또 그렇게 태어난 이론은 동시대의 관측 기술을 통해 바로 확인이 되었다. 생각해보면, 이런 일련의 과정 자체가 그저 놀라울 뿐이다.

4-7:
우주를
모델화하다

정지우주 모델

앞에서 이야기했듯이 현대우주론은 상대성이론을 빼놓고는 생각할 수 없다. 우주와 시공간은 뗄 수 없는 관계이므로 시공간의 성질은 상대성이론으로 나타낼 수 있다. 특히 일반상대성이론으로 시공간 전체의 거시적인 구조를 검토할 수 있어, 일반상대성이론은 우주론 연구에서 핵심적인 이론이다.

아인슈타인도 자신이 만든 일반상대성이론이 우주의 전체 구조를 알아내는 데 유용하다는 점에 주목했다. 그래서 일반상대성이론을 완성하자마자, 이 이론에 기초해 우주 전체를 나타낼 수 있는 이론적인 모델을 제시했다. 여기서 '이론적인 모델'이라고 할 때의 '모델'은 모형이라는 의미이다. 실물에 비해 크기가 작고 재질은 다르지만, 실물을 대신해서 다루기 쉽게 만든 것이 모형이다. 물론 이론적인 모델은 구체적인 물체는 아니다. 어디까지나 머릿속에서 상상한 것이다. 하지만 수식을 이용해서 정확히 나타낼 수 있다.

우주에 대한 이론적인 모델을 흔히 '우주 모델'이라 부른다. 이것도 수식으로 표현되는 추상적인 대상이다. 일반상대성이론이 수식으로 표현되듯이, 거기에 기초한 우주 모델도 수식으로 나타난다. 물론 몇 개의 수식으로 우주 전체를 정확히 드러낼 수는 없다. 또 우주 모델은 현실의 우주를 극도로 단순화한 것이기 때문에 우주 전체의 본질적인 특성만을 다룬다고 봐야 한다.

아인슈타인이 처음 제시한 모델은 '정지우주 모델'이다. 이 모델은 우주 전체가 영원히 같은 모습을 유지한다고 본다. 팽창도 수축도 하지 않는 우주라는 뜻이다. 아인슈타인이 이 모델을 고안했을 당시에는 아직 우주가 팽창한다고 여겨지지 않았다.

처음부터 결론을 내린 모델

사실은 아인슈타인이 제기한 정지우주 모델은 처음부터 결론을 내려놓고 거기에 맞춘 모델이었다. 일반상대성이론을 있는 그대로 적용하면, 팽창도 수축도 하지 않는 정지한 우주는 존재할 수 없다는 결론이 나온다. 하지만 아인슈타인은 우주는 변화가 없어야 한다고 믿었기 때문에, 원래의 일반상대성이론 방정식을 조금 고쳤다. 즉 '우주상수(常數)'라는 것을 추가해, 이 수정된 방정식을 토대로 정지우주 모델을 제시했다.

이 모델에 따르면, 우주는 정지해 있을 뿐 아니라 우주 전체의 부피(체적)에도 제한이 있는, 유한한 우주이다. 아인슈타인은 이런 우주가 마음에 들었다. 이 모델을 따르게 되면 우주 전체가 구의 표면과 같은 것이 된다. 구의 표면에서는 어디에도 끝(경계)이 없지만, 면적은 유한하다. 중학교 수학 시간에 배웠듯이 반지름이 r인 구의 표면적은 $4\pi r^2$으로 일정하다.

구의 표면은 2차원 공간이지만, 여기서 사고를 비약해서, 이 2차원 공간에 1차원을 더 늘린다고 해보자. 그러면 수학적으로, 3차원 공간을 표면으로 가진 4차원의 구를 생각할 수 있다. 이 3차원 공간은 구의 표면과 마찬가지로 부피가 유한하지만, 어디에도 끝이 없다. 아인슈타인의 정지우주 모델은 바로 이와 같은 것이다. 즉 공간에는 끝이 없고, 끝이 없지만 [닫혀있기 때문에] 무한하지도 않다. 게다가 같은 모습을 영원히 유지한다.

아인슈타인 외에도 러시아의 수학자이자 물리학자인 알렉산드르 프리드만(Alexander Friedmann,1888~1925년), 네덜란드 천문학자 빌렘 드 지터(Willem de Sitter,1872~1934년), 벨기에의 가톨릭 사제이자 천문학자였던 조르주 르메트르(Georges Lemaître,1894~1966년)가 일반상대성이론을 응용해 우주 모델을 제시했다. 이들이 고안한 우주 모델은 정지우주에 국한되지 않았다. 특히 프리드만은 팽창하는 우주 모델을 처음 제시한 선구자였다.

일반상대성이론을 있는 그대로 받아들이면 우주가 팽창한다는 결과가 나온다. 그런데도 아인슈타인은 팽창우주 모델을 처음에는 받아들이지 않았다. 아인슈타인으로부터 인정받지 못한 탓인지 프리드만의 팽창우주 모델은 한동안 세상으로부터 잊혔다. 이후 관측 결과 우주가 팽창한다는 사실이 밝혀졌지만, 프리드만은 이 결과를 보지 못하고 37세의 나이에 이미 세상을 뜨고 말았다.

되돌아보면, 아인슈타인은 자기 손으로 힘겹게 만들어낸 일반상대성이론이 우주가 팽창한다는 예측을 하는 것에 위화감을 느꼈는지도 모른다. 아무튼 이 점에서는 아인슈타인이 틀렸다. 우주가 팽창한다는 사실이 이후에 관측으로 밝혀졌기 때문이다.

4-8:
우주 팽창의 발견과 르메트르

누가 발견자인가

'우주 팽창'이라는 세기의 발견을 한 사람은 누구일까. 이에 대해서는 오랫동안 에드윈 허블(Edwin Powell Hubble, 1889~1953년)이 최초의 발견자라는 게 상식으로 돼 있었다. 그런데 약 10년 전 그런 상식에 의문을 제기하는 이야기들이 연구자들 사이에 떠돌았다. 이 이야기는 흥미로우니 좀 더 자세히 살펴보자.

우주가 팽창한다는 사실은, 멀리 있는 은하들까지의 거리와 은하들이 우리에게서 멀어지는 속도를 비교함으로써 알아낼 수 있다. 만약 우주가 전체적으로 팽창한다면, 멀리 있는 은하일수록 거리에 비례해 멀어지는 속도도 빨라지게 된다. 실제로 관측을 통해, 은하까지의 거리와 멀어지는 속도 사이에 비례관계가 있다는 점이 확인됨으로써 우주가 팽창한다는 사실이 확인되었다.

그동안에는 1929년에 에드윈 허블이 발표한 논문에서 처음으로 우주가 팽창한다는 사실이 제시되었다고 알려져 있었다. 그런데 실제로는 그보다 2년 앞선 1927년에, 상대론적 팽창우주 모델을 제시했던 르메트르가 관측 자료들을 활용해 은하까지의 거리와 속도 사이에 비례관계가 있다는 논문을 발표했다. 게다가 그는 이 비례관계가 일반상대성이론이 예측하는 우주 팽창 때문에 일어난다고 정확하게 지적했다. 이 논문에는 또 오늘날 허블 상수라고 불리는 값도 이미 제시돼 있었다.

따라서 우주가 팽창하고 있다는 사실을 최초로 발견한 인물은 허블이 아니라 르메트르라는 게 분명했다. 하지만 르메트르의 논문은 벨기에의 별로 유명하지 않은 학술지에 프랑스어로 발표되었기 때문에, 당시 천문학이 활발히 연구되고 있던 영어권 연구자들에게는 알려지지 않았다. 반면 2년 뒤에 발표된 허블의 영어 논문은 크게 유명해지면서 우주 팽창의 발견자가 허블이라는 사실이 굳어지게 되었다.

하지만 르메트르는 에드워드 허블이 유명해진 뒤에도 자신에게 발견의 우선권이 있다는 주장을 일절 하지 않고 침묵을 지켰다. 우선권을 주장할 기회가 몇 차례 있었음에도 나서지 않아 누구도 알 수가 없었다. 그러다 다음과 같은 사실이 알려지면서 르메트르가 허블에 앞서 우주 팽창을 발견했다는 사실이 밝혀졌다.

진실은 무엇인가

사실은 르메트르가 1927년에 쓴 프랑스어 논문은, 1931년에 영국의 왕립천문학회에서 발행하는 유명 학술지에 영어로 번역돼 게재되었다. 그런데 번역된 논문에는 프랑스어 논문에서 상세하게 기술돼 있던 은하까지의 거리와 멀어지는 속도 사이의 비례관계를 기술한 부분이 빠져 있었다. 이것은 우주가 팽창한다는 사실을 입증하는 데 가장 중요한 부분이다. 따라서 영어번역본 논문만 읽으면 르메트르가 우주 팽창의 최초 발견자라는 사실을 알 수가 없다.

게다가 영어판 논문에는 번역자의 이름이 적혀있지 않았다. 대체 누가 이 논문을 번역했고, 더구나 누가 멋대로 가장 중요한 부분을 삭제했을까. 이를 두고 연구자들 사이에서는 갖은 억측과 소문이 나돌았다. 다들 "누구의 소행일까?"라며 궁금해했다. 허블이 자신의 업적을 뺏기지 않으려고 자기가 논문을 번역하면서 멋대로 고쳤다는 둥 음모론적인 이야기가 돌기도 했다.

그렇게 한동안 화제가 되고 난 뒤, 진상이 밝혀지게 되었다. 논문의 영어번역과 관련해 르메트르와 왕립천문학회 학술지 편집위원 사이에 오고 간 편지가 발견된 것이다.[2] 그 결과 논문을 영어로 번역한 인물도, 영어판에서 해당 부분을 삭제한 인물도 모두 르메트르 자신이었다는 사실이 밝혀졌다. 르메트르가 편집위원에게 보낸 편지에는 '(은하의) 멀어지는 속도에 관한 부분을 (영어로 번역해) 다시 싣는 것은 별로 온당해 보이지 않습니다'라고 쓰여 있었다.

대개의 연구자라면 세기의 발견에 대해 이처럼 자신의 우선권을 스스로 포기하는 행동을 하지 않을 것이다. 하지만 르메트르는 그런 세속적인 욕망과는 거리가 멀었던 인물이었던 것 같다. 가톨릭 사제이기도 했던 그는 자신의 명성이나 평판을 높이는 일에는 아무런 관심이 없었다.

현대우주론의 아버지

그렇더라도 르메트르의 행동은 선뜻 이해하기 힘들다. 우주 팽창이라는, 당시로서는 획기적인 논문을 벨기에의 군소 학술지에 투

---

2) M. Livio, Nature, 479,171 (2011)

고한다는 것 자체가 예사로운 선택이 아니다. 다수의 연구자가 읽는 학술지에 투고하지 않을 이유가 없다. 왜 그랬을까. 아마 논문의 영향력이 너무 커지는 것에 부담을 느꼈던 것은 아닐까 추측되고 있을 뿐이다.

게다가 영어권 학술지에 다시 실리는 기회가 왔는데도, 우주 팽창의 발견과 관련된 핵심적인 부분을 삭제해 버렸다. 영어판 논문을 게재할 당시에 이미 널리 알려진 낡은 사실들을 삭제한다면 모를까, 그런 부분은 그대로 두면서 왜 정작 본질적인 요소를 없애버렸을까. 진실은 르메트르 자신밖에 모른다. 자신의 명성과 평판에 기를 쓰는 보통의 연구자들에게는 르메트르의 이런 선택을 도무지 이해할 수 없을지도 모른다.

아무튼 최초로 우주 팽창을 일반상대성이론을 토대로 정확히 이해한 인물이 르메트르였다는 사실은 지금은 널리 인정되고 있다. 르메트르는 우주팽창론을 더 밀고 나가, 우주가 대폭발로 시작되었다는, 현대 빅뱅이론의 원형이 되는 우주 모델도 제시했다. 또한 팽창 우주가 발견된 뒤에도 '우주상수'의 중요성을 인식해, 그것을 없애버린 아인슈타인에게 재고해 보도록 요청하기도 했다[1915년에 나온 일반상대성이론에는 원래 우주상수가 없었으나 정지우주 모형을 원했던 아인슈타인은 우주상수 항을 도입해 정지우주가 가능하게 했다. 그러나 우주가 팽창한다는 사실이 발견되자, 아인슈타인은 '일생 최대의 실수'라며 우주상수의 도입을 철회했다]. 현재의 표준우주론에서는 '우주상수'가 다시 살아나 중요한 구성요소로 돼 있다. 이처럼 르메트르의 선각자적인 안목은 우리의 눈을 휘둥그레 만들 만큼 놀라울 따름이어서, 현대우주론의 아버지라 불러도 손색이 없을 정도다.

4-9: 우주는 어디를 향해 팽창하는가

팽창하는 우주 너머는 우주의 바깥인가?

지금까지 우주 팽창에 대해 계속 설명했지만, 일반상대성이론에서의 우주 팽창을 이미지로 전달하기는 매우 어렵다. 우리의 직관은, 공간이란 저기에 조용히 존재하는 것이라고 보기 때문에, 공간(우주)이 팽창한다는 말을 들어도 그것이 구체적으로 어떤 모습인지를 쉽게 떠올리지 못한다. 이것을 단적으로 드러내는 것 중 하나가 다음과 같은 질문이다. "그렇다면 우주는 대체 어디를 향해 팽창하고 있나요?"

공간이 팽창한다는 것은 부피가 증가한다는 뜻이다. 보통 부피라고 하면 무엇인가에 둘러싸여 있다. 예컨대 비닐봉지에 공기를 불어 넣으면 비닐의 부피가 팽창한다. 비닐이 봉지의 안과 밖을 나누고, 봉지가 부풀어 오를 때는 비닐봉지의 바깥을 향해 팽창한다. 우주도 이런 모습으로 팽창한다고 생각하면, 다음과 같은 의문이 생기게 된다. 우주가 팽창한다면, 부풀어 오르는 비닐봉지와 마찬가지로 팽창할 수 있는 공간이 우주 바깥에 있어야 하지 않는가. 팽창할 수 있는 공간적인 여유가 어딘가에 있어야만 하지 않는가. 그와 같은 우주의 바깥은 존재하는가. 이런 소박한 의문들이 생기는 것이다.

이런 의문은 우주의 끝(경계)은 무엇인가라는 의문으로 연결된다. 우주가 팽창한다면 고무풍선처럼 어딘가에 우주의 경계가 있어서, 이 경계 부분이 점점 커져 나간다는 식으로 생각이 든다. 또 우주에 경계가 있다면, 그 경계는 우주의 안과 밖을 나누는 지점이 될 것이다. 이런 식으로 생각하다 보면, 우주가 팽창하는 너머는 우주의 바깥이 되는데, 그 바깥은 우주가 생겨나기 전에는 무엇이었나라는 의문이 당연히 생긴다.

풍선 표면과의 비유

사실은 현대우주론에서 말하는 우주 팽창에 대해 이처럼 소박한 사고는 옳지 않다. 우주에는 경계가 있고, 그 바깥에는 우주가 아닌 장소가 있다고 생각하는 바탕에는 암묵적으로 공간이 무한히 펼쳐져 있고 그 일부에 우주가 존재한다는 전제가 깔려 있다. 공간이 물질과 관계없이 무한히 펼쳐져 있다는 생각은 우리의 경험을 토대로 한 것이지만, 이런 접근법은 우주 전체를 이야기할 때는 통하지 않는다. 올바른 관점은 일반상대성이론에 의해 처음으로 밝혀졌다. 일반상대성이론이 난해하다고 이야기되는 까닭은, 이처럼 일상의 경험을 벗어난 상황에도 적용되는 이론이기 때문이기도 하다.

공간이란 물질과 관계없이 조용히 저기에 가로놓여 있는 존재가 아니다. 지구상에서 살아가는 우리는 이 말을 제대로 실감할 수 없다. 인간이 경험하는 척도에서는, 공간이 휘어져 있는 탓에 생기는 효과가 너무 미미해서 감지할 수가 없는 것이다. 하지만 우주의 척도로 바라보면, 이러한 공간의 변화는 실제로 매우 중요한 효과로 작용한다.

일반상대성이론을 통해 우주 팽창의 참된 의미를 제대로 이해하려면 우선, 공간이란 조용히 저기 가로놓인 존재라는 선입견부터 버려야 한다. 우주는 시간과 공간 그 자체이므로, 우주보다 훨씬 더 큰 공간 안의 어딘가에 우주가 있는 것이 아니다. 만약 우주의 바깥이 있다고 해도, 우주의 내부와 어떤 경계를 사이에 두고 연결돼 있는 형태는 아니다. 공간은 우주의 내부에만 있으므로, 그 바깥에 우리가 직관적으로 생각하는 의미에서의 다른 공간이 놓여있는 것이 아니다.

우주가 팽창하는 모습을 설명하기 위해, 점점 부풀어 오르는 풍선의 표면을 우주라고 생각해보라는 식의 비유가 자주 거론된다. 실제의 우주 공간은 3차원이지만, 3차원을 상상하기가 어려우므로 2차원의 풍선 표면을 생각해보자는 것이다. 풍선 표면에 많은 은하가 붙어 있다고 하면, 풍선이 부푸는 데 따라 은하들 사이의 거리가 멀어지고, 어떤 은하에서 보아도 다른 은하가 자기에게서 멀어지는 것으로 보이며, 또 멀리 있는 은하일수록 더 빠르게 멀어지는 것으로 보인다. 이것이 우주 팽창의 특징이다. 풍선 표면을 비유로 사용한 이 설명방식은 우주가 끝이 없음에도 무한하게 펼쳐져 있지는 않다는 것을 직관적으로 보여주기도 한다. 우주가 구의 표면과 같다면, 크기가 유한해도 어딘가에 끝(경계)이 있지는 않다. 이 경우 2차원인 구의 표면은, 우주의 3차원 공간에 대응한다.

풍선을 이용한 이런 설명은 매우 잘 된 비유이긴 하지만, 곧이곧대로 받아들이게 되면 몇 가지 의문이 생겨날 수밖에 없다. 풍선의 '표면'이 우주라면, 풍선의 안쪽과 바깥쪽은 무엇인가. 그것은 우주의 바깥인가. 또 풍선 표면의 뒤쪽(이면)에도 면이 있는데, 그것은 무엇인가. 이면의 우주라고 불러야 할, 또 하나의 우주가 있다는 말인가. 풍선을 예로 들어 우주 팽창을 설명할 때 자주 등장하는 의문들이다.

이런 의문은 비유적인 이야기를 확대해석하기 때문에 나온다. 비유적인 이야기는 문자 그대로 받아들여서는 안 된다. 어떤 사람이 '바람처럼 빨리 달렸다'고 하면, 그 사람이 [바람처럼 눈에 보이지 않는] 투명 인간이라는 뜻이 아니지 않는가. 말할 필요도 없이, 바람이 부는 것처럼 매우 빠르게 달렸다는 것을 비유적으로 표현한 것이다. 이 비유에는 바람이 투명하다는 점에 초점이 맞춰져 있는 게 아니다. 우주를 풍선에 비유할 때도 같은 문제가 발생한다. 부풀어 오르는 풍선을 통해 우주가 팽창하는 모습만을 비유하고 있을 뿐, 우주의 바깥이나 안쪽, 이면 등에 대해 비유하는 것이 아니다. 이처럼 비유에는 늘 주의가 필요하다.

제5장
소립자론과
우주론

5-1: 소립자론을 우주론에 응용하다
5-2: 빅뱅이론과 원자핵 물리학
5-3: 현재의 우주에 있는 다양한 원소의 기원
5-4: 3중 알파반응의 기발함
5-5: '인간원리'란 무엇인가
5-6: 소립자론에서 보는 다중우주
5-7: 우주론에서 말하는 다중우주

5-1:
소립자론을 우주론에 응용하다

이 세상은 어떻게 움직이는가

우주에는 다양한 종류의 물질이 있다. 우리 주변의 물질은 원자가 모여 이뤄진 것이라는 건 잘 알려져 있다. 원자는 원자핵과 전자로 구성돼 있다. 전자는 더는 나눌 수 없는 소립자이며, 원자핵은 양성자와 중성자로 이뤄진다. 또 양성자와 중성자는 각각 쿼크라는 입자가 3개씩 모여서 이뤄졌다. 지금까지는, 쿼크도 전자처럼 더 나눌 수 없는 소립자로 알려져 있다.

다시 말하면 우리 주변에 있는 물질은 소립자, 즉 전자와 쿼크가 엄청난 개수로 모여서 이뤄진다. 물론 전자와 쿼크 외에도 소립자가 존재하지만, 어쨌든 한정된 종류의 소립자들로 이 세계가 구성돼 있고, 소립자들 사이에 힘이 작용함으로써 이 세상이 움직이고 있는 것이다.

변화무쌍해 보이는 이 세계가 결국은 한정된 종류의 소립자들과 그들 사이에 작용하는 힘을 통해 작동하고 있다는 사실은 20세기 물리학이 밝혀낸 위대한 업적이다. 소립자가 얼마나 존재하고, 그들 사이에 어떤 힘이 작용하는지를 밝히는 분야를 소립자론 혹은 소립자 물리학이라고 한다. 소립자론은 원자보다도 훨씬 크기가 작은 입자를 다룬다. 세상 만물은 소립자를 기본 단위로 구성되므로, 이 세계에서 일어나는 어떤 현상도 원리상으로는 소립자의 운동법칙이 배후에서 작동한다고 할 수 있다.

물론 소립자의 운동법칙이 모두 해명되더라도, 세상 모든 현상이 해명되는 것은 아니다. 왜냐하면 이 세계는 소립자들이 엄청난 개수로 모여 복잡하게 얽힌 채 작동하기 때문이다. 예를 들어보자. 장기에서 말의 움직임은 단순하지만, 그 움직임들이 만들어낼 수 있는 수(手)는 엄청나게 많다. 그래서 초심자들은 몇 수 앞을 내다보기도 힘들다. 풍부한 경험을 가진 프로라도 상당히 많은 수를 앞서 읽을 수는 있지만, 말의 움직임이 만들어내는 모든 수를 읽어낼 수는 없다.

바로 그런 점이 장기나 바둑의 매력이다.

마찬가지로 소립자의 운동법칙도 나름 단순한 편이다. 이 세계를 움직이는 기본적인 법칙은 단순해도, 각각이 매우 복잡하게 얽혀 있는 것은 장기와 비슷해서 엄청난 수의 가능성을 만들어내는 것이다. 지금까지 알려진 소립자의 운동법칙은 '소립자 표준이론'이라는 형식으로 거의 해명이 된 상태이다. 그렇지만 이 세상에는 알 수 없는 일들이 많으며, 그래서 흥미롭기도 하다. 예컨대, 인간사회에서 일어나는 일들을 소립자 운동법칙으로 예측한다는 것은 애초에 무리한 욕심이다.

소립자론과 우주론이 교차하는 지점

하지만 우주를 거시적으로 보면, 인간사회만큼 복잡하지는 않다. 지구는 태양 주위를 일정한 주기로 돌기 때문에 매년 계절이 돌아오고, 또 일정한 주기로 자전하므로 매일 아침이 찾아온다. 이처럼 천체의 운동은 비교적 단순해서, 이들의 움직임은 꽤 정확히 예측할 수 있다. 이렇게 단순한 까닭은 천체의 운동에는 복잡한 요소들이 별로 얽혀있지 않기 때문이다.

우리가 사는 은하는 태양과 같은 별들이 수천억 개 모여서 이뤄졌다. 하지만 우리 은하는 우주에 무수히 존재하는 은하 중 하나에 불과하다. 우주 공간에는 다양한 모습을 한 은하들이 널리 퍼져 있다. 은하가 수백 개~수천 개 단위로 밀집한 장소가 여기저기 있는데 이를 은하단(銀河團)이라고 하고, 나아가 은하단이 몇 개씩 모여 있는 곳을 초은하단이라 한다. 반면 넓은 범위에 걸쳐 은하가 거의 보이지 않는 '보이드(void)'라 불리는 영역도 있다.

이처럼 우주에는 대규모의 구조들이 풍부하게 존재한다. 하지만 이들도 우주 전체 차원에서 평균해 보면 거의 무시할 수 있을 정도여서, 우주는 전체적으로는 어디서나 같은 모습을 한다고 볼 수 있다. 좁게 보면 은하가 많이 모여 있는 곳도 있고 아예 없는 곳도 있지만, 그것들은 대개 수억 광년 정도의 규모에서 보았을 때 그렇다는 이야기다. 그보다 더 큰 척도로 평균해 보면, 우주는 어떤 장소를 보아도 같은 모양으로 펼쳐져 있다. 이런 성질을 우주의 '균일성(균질성)'이라고 한다. 우주는 대단히 큰 척도에서는 균일한 모습을 보이지만, 작은 척도에서 보면 비균질적인 모습을 띤다.

그러나 먼 과거의 우주로 거슬러 가면, 작은 척도에서도 꽤 균일한 모습을 띤다. 우주는 시간이 흐르면서 작은 척도로부터 큰 척도를 향해 점차 복잡성을 증가시키면서 나아간다. 따라서 우주가 갓 생겨났을 때는 작은 척도에서도 우주 전체가 매우 균일한 모습이었다. 거의 균일한 초기 우주에서는 현재의 우주와 같은 대규모 구조나 복잡성이 없어, 이론적으로는 초기 우주의 움직임을 소립자 운동법칙으로 다룰 수가 있다. 초기 우주를 연구하는 데는 소립자론이 꽤 유용한 도구다.

현재의 우주는 어떤 의미에서는 극히 느슨하다고 할 수 있다. 우주 공간은 거의 진공이고, 광대한 공간에 천체들이 점처럼 흩어져 있다. 먼 과거의 우주는 전혀 달랐다. 우주가 지금보다 훨씬 작았기 때문에, 매우 좁은 영역 안에 아주 많은 물질이 욱여넣어져 있는 꼴이었다. 많은 물질이 좁은 곳에서 응축되면 온도가 올라간다. 그래서 초기 우주는 엄청난 고온 상태였다. 시간을 먼 과거로 거슬러 가면 갈수록 우주 온도는 높아진다.

고온 상태의 우주에서는 입자가 평균적으로 매우 큰 에너지를 갖는다. 소립자론은 큰 에너지를 가진 입자가 어떻게 행동하는지를 예측할 수 있다. 이렇게 예측된 움직임을 토대로, 우주 전체가 초기에 어떤 모습이었는지 추측할 수 있다. 이처럼 초기 우주의 연구에는, 미시세계의 극한을 다루는 소립자론과 거시세계의 극한을 다루는 우주론이 만나게 된다. 양극단의 세계를 탐구하는 두 분야가 하나로 만난다는 건 신기한 일이 아닐 수 없다.

5-2:
빅뱅이론과 원자핵 물리학

초기 우주의 원소들

제1장에서 이야기했듯이, 빅뱅이론은 우주의 참된 시작을 나타내는 이론은 아니다. (참된 시작이 이뤄지고 난 뒤의) 초기 우주는 매우 작아서, 물질들끼리 서로 밀치면서 응집돼 있어 우주 전체의 온도가 매우 높았다. 이런 상태의 우주에서 어떤 일이 일어났는지를 알려주는 것이 빅뱅이론이다.

초기 우주는 이처럼 극한적인 상태여서, 현재의 우주에서는 드물게만 일어나는 원자핵반응이 우주 전체에 걸쳐서 빈번하게 발생한다. 원자핵반응이란 수소가 헬륨으로 바뀌는 것처럼, 원소의 종류가 달라지는 반응이다. 오늘날 우리가 사용하는 전력을 만들어내는 원자력발전은, 우라늄이라는 무거운 원소를 그것보다 가벼운 두 개의 다른 원소로 분열시키는 원자핵반응을 통해서 에너지를 만든다.

여기서 원자란 무엇인지 다시 복습해보자. 이 세계에는 실로 다양한 종류의 원소가 존재한다. 독자 여러분은 학창 시절에 원소주기율표를 열심히 외운 경험이 있을 것이다. 원소란 원자의 종류이다. 원자는 중심에 있는 원자핵과 그 주변에 있는 전자로 이뤄진다. 원자핵은 양성자와 중성자가 몇 개씩 결합된 것이다. 양성자는 양전기를 띠고 전자는 음전기를 갖는다. 원자핵 주변에 양성자와 같은 수의 전자가 돌고 있으면 원자 전체는 전기적으로 중성이 된다. 따라서 우리가 알고 있는 모든 물질은 양성자와 중성자, 전자라는 세 종류의 입자만으로 이뤄져 있다고 할 수 있다.

우주가 시작된 직후에는 현재의 우주처럼 원소의 종류가 다양하지 않았다. 또 지금처럼 양성자와 중성자가 굳건하게 묶인 상태로 존재하지 못하고 제각각 뿔뿔이 흩어져 움직였다.

우주가 팽창하면 온도는 점점 내려간다. 우주가 식기 시작하면 비로소 양성자는 중성자와 결합해 원자핵으로 존재할 수 있다. 양성자와 중성자가 두 개씩 결합하면 헬륨 원자핵이 되고, 양성자 하나는 그 상태 그대로 수소 원자핵이 된다. 초기 우주에는 중성자와 결합하지 않고 고립된 양성자 즉 수소 원자핵의 수가 가장 많고, 이어서 헬륨 원자핵도 비교적 많이 만들어진다. 이처럼 우주 초기 단계의 원소는 수소와 헬륨 두 종류가 대부분을 차지한다. 다른 원소가 만들어지지 않는 건 아니지만, 수소와 헬륨에 비하면 극히 미량이다. 초기 우주에는 지금 지구에서 볼 수 있는 것처럼 원소의 종류가 다양하지 않았다.

빅뱅이론의 원형이 된 가모프의 논문

앞서 이야기한 사실을 계산을 통해 처음 밝혀낸 인물은 미국의 원자핵 물리학자 가모프(George Gamow, 1904~1968년)와 그의 공동연구자였다. 가모프['가모'라고도 표기한다]는 원래 러시아제국[지금의 우크라이나] 출신이었으나 러시아혁명이 일어나자 미국에 망명했다. 그는 원자핵 물리학과 일반상대성이론을 결합해 우주의 진화, 특히 초기 우주를 연구하는 새로운 분야를 개척했다. 초기 우주를 연구할 당시 그는 조지 워싱턴 대학 교수로 재직 중이었다. 가모프와 그의 밑에서 박사과정을 밟던 랠프 앨퍼(Ralph Asher Alpher, 1921~2007년)는 이 새로운 연구에 대해 공동으로 논문을 작성했는데, 이 논문은 이후 빅뱅이론의 원형이 된다.

이 유명한 논문은 가모프와 앨퍼 두 사람의 연구 성과였다. 하지만 가모프는 장난기가 발동해 유명한 물리학자 한스 베테(Hans Albrecht Bethe, 1906~2005년)를 공동 저자로 올려, 논문은 결국 앨퍼-베테-가모프 세 사람의 이름으로 출판되었다. 베테는 논문에 아무 기여도 안 했는데 왜 이름이 올라가게 되었을까. 가모프는 공동 저자의 이름이 그리스 알파벳의 처음 세 글자, 즉 알파-베타-감마($\alpha\beta\gamma$)와 닮도록 하려고(앨퍼-베테-가모) 한스 베테의 이름을 끌어왔다고 한다. 이런 연유로 가모프와 앨프가 만든 이론은 '$\alpha\beta\gamma$ 이론'이라 불리기도 한다. 앨퍼 입장에서는 지도교수의 이런 행위는 너무나 억울한 일이 아닐 수 없었다. 이 중요한 논문에서 자신이 매우 큰 공헌을 했음에도, 일개 대학원생이라는 이유로 두 유명 물리학자의 그늘에 자신의 이름이 묻혀버린 꼴이었기 때문이다.

한편, 앨퍼와 가모프는 양성자와 중성자, 전자를 만드는 더 근원적인 물질이 있으리라고 가정하고 거기에 'YLEM'(아일럼)이라는 이름을 붙였다. 이 단어는 고대 그리스어로서 '세계를 만드는 원시 물질'이라는 의미다. YLEM에서 우주의 모든 물질이 탄생한다고 보았던 것이다.

지금은 양성자와 중성자가 이들보다 더 작은 소립자인 쿼크로 이루어져 있다는 사실을 알고 있지만, 당시에는 양성자와 중성자를 더 나눠질 수 없는 소립자로 여겼다. 이 때문에 두 사람은 양성자와 중성자의 기원까지는 설명할 수 없었고, 이들을 만드는 시원(始原)이 되는 가상의 물질을 생각하고 거기에 YLEM이라는 이름을 붙였던 것이다.

가모프는 빅뱅이론을 완성한 기념으로 '쿠앵트로(Cointreau)'[오렌지향이 나는 리큐르주]라는 술병을 가져와 라벨을 YLEM으로 바꾼 뒤 그림2처럼 합성사진을 만들었다. 사진 오른쪽 인물이 앨퍼이고, 왼쪽은 또 한 명의 공동연구자인 로버트 허먼(Robert Herman, 1914~1997년)이며, 마치 술병에서 나온 것처럼 합성된 가운데 인물이 가모프이다.

가모프가 만든 YLEM 술병은 워싱턴에 있는 국립우주항공박물관에 전시돼 있다. 필자도 이 박물관에 갔을 때 직접 이 술병을 본 적이 있다. 우주론 연구자로서 꽤 감명 깊었지만, 우주론의 역사적 배경을 모르고 본다면 그저 누추한 술병에 지나지 않을 것이다.

그림2 YLEM(아일럼)이라고 쓰인 술병과 빅뱅이론의 창시자들. 왼쪽은 로버트 허먼, 오른쪽은 랠프 앨퍼, 술병에서 나온 것처럼 합성된 가운데 인물은 조지 가모프이다.

5-3: 현재의 우주에 있는 다양한 원소의 기원

빅뱅이론은 물질의 기원을 설명하지 않는다

가모프의 빅뱅이론에 따르면, 우주 초기에 존재했던 원소는 대부분 수소와 헬륨이다. 하지만 지금의 우주에는 수소와 헬륨 외에도 다양한 종류의 원소가 있다. 현재 지구상에 천연으로 존재하는 원소는 92종이나 된다.

이 원소 중 일부는 우리가 살아가는 데 없어서는 안 된다. 예컨대 인체에 필수적인 물은 잘 알려져 있듯이 수소와 산소로 된 화합물이다. 우리 몸은 단백질로 이뤄져 있는데, 단백질은 아미노산에서 만들어지고, 아미노산은 다시 수소와 탄소, 산소, 질소라는 원소로 이뤄진다. 또 뼈를 이루는 원소는 칼슘과 인이다. 소금은 염소와 나트륨의 화합물이며, 마그네슘, 칼륨, 황, 철 등도 생체에 필수적이다. 구리나 아연, 아이오딘(요오드) 같은 원소들도 생체에 포함된 양은 미량이지만, 생명 유지에 중요한 역할을 한다. 이처럼 다양한 원소들이 우리의 몸을 만드는 데 기여한다.

그런데 빅뱅 직후의 초기 우주에서는 생명 활동에 불가결한 이 다양한 원소들이 거의 존재하지 않았다. 그래서 빅뱅이론이 처음 등장했을 무렵에는 이 이론이 틀린 게 아닐까 여겨지기도 했다. 빅뱅이론이 현재의 우주에 있는 물질의 기원을 설명하지 못하기 때문이었다. 현재의 우주에 존재하는 물질이 빅뱅 직후의 초기 우주에도 똑같이 존재해야 한다고 믿었던 것이다.

'질량수 5와 8에는 안정된 원자핵이 없다'

그러나 실제로는, 빅뱅 직후에 다양한 원소가 존재하지 않아도, 이후 우주가 진화하는 과정에서 다양한 원소들이 만들어질 수 있다. 수소와 헬륨을 원재료로 삼아, 별 내부에서 여러 가지 무거운 원소를 만들어낼 수 있다는 사실이 이론적으로 입증되었다. 이런 사실을 밝혀낸 인물은 프레드 호일(Fred Hoyle, 1915~2001년)이었다. 그런데 아이러니하게도, 호일은 빅뱅이론의 극렬한 반대론자였지만 결과적으로 빅뱅이론의 정립에 크게 공헌했다.

빅뱅이론이라는 이름을 처음 붙인 것도 호일이었다. 1949년 호일은 영국의 BBC 라디오에 출연해 가모프의 이론을 '빅뱅'[big bang, 크게 '쾅'하고 터진다는 뜻]이라고 불렀다. 그는 빅뱅이론과는 정반대되는 정상우주론을 주창했기 때문에, 상대의 이론을 깎아내리려고 그렇게 불렀다. 그런데 가모프는 오히려 이 단어를 듣고 마음에 들어, 자신의 이론을 아예 '빅뱅이론'으로 정착시켜버렸다.

우주 초기에 수소나 헬륨보다 무거운 원소들이 만들어지지 않았던 까닭은 원자핵의 특성 때문이다. 원자핵은 양성자와 중성자가 강한 힘(강력)으로 결합하지만, 두 입자가 무턱대고 결합이 되지는 않는다. 양성자와 중성자의 조합만으로는 불안정해 결합상태를 유지하지 못하고 바로 붕괴할 수도 있다. 반면 수소 원자핵은 양성자 1개로 이뤄지기 때문에 더 분해되지 않고 완전히 안정된 상태를 유지한다. 우주에 수소 원자핵이 많은 것은 이 때문이다. 헬륨-4 원자핵은 양성자 2개와 중성자 2개가 결합이 된 형태인데, 이 원자핵도 붕괴하지 않고 안정된 상태로 계속 존재할 수 있다. 그래서 초기의 빅뱅 우주에서 만들어지는 원자핵은, 수소 원자핵이 가장 많고 그보다 조금 적은 헬륨-4가 대부분을 차지한다. 이들보다 수가 적지만 다른 안정된 원자핵도 만들어지긴 한다. 예컨대 양성자 1개와 중성자 1개가 결합한 원자핵인 중수소(重水素)가 있다. 또 양성자 1개와 중성자 2개가 결합한 3중 수소, 양성자 2개와 중성자 1개가 결합한 헬륨-3, 양성자 3개와 중성자가 4개인 리튬-7, 양성자 3개와 중성자가 3개인 리튬-6, 양성자 4개와 중성자 3개인 베릴륨-7 등의 원자핵이 있다.

이상이 우주 초기에 만들어지는 주된 원자핵 종류이고, 그 밖의 원자핵은 거의 존재하지 않는다. 원자핵 안에 포함된 양성자와 중성자를 합한 수를, 그 원자핵의 '질량수'라고 한다. 양성자와 중성자는 무게가 거의 같아, 질량수는 원자핵의 무게를 나타낸다. 위에 거론한 원자핵 안의 양성자와 중성자 수를 보면, 빅뱅에 의해서 만들어지는 원자핵의 질량수는 1, 2, 3, 4, 6, 7밖에 없다는 것을 알 수 있다. 사실은 질량수가 5나 8인 안정된 원자핵은 존재하지 않는다. 헬륨-5(양성자 2, 중성자 3)나 리튬-5(양성자 3, 중성자 2), 베릴륨-8(양성자 4, 중성자 4) 등의 원자핵은 존재할 수 없다. 설사 존재하더라도 불안정해서 만들어지자마자 곧장 분해돼 다른 원자핵이 돼 버린다.

질량수가 5나 8인 안정된 원자핵이 존재하지 않는다는 것은, 무거운 원자핵이 빅뱅 시기에 거의 만들어지지 않았던 주요한 원인이다. 만약 질량수가 5나 8인 안정적인 원자핵이 있다면, 그것들을 통해 탄소나 질소, 산소를 비롯한 다양한 종류의 원자핵이 만들어질 수 있겠지만 실제로는 그렇지 않았다.

이 질량수 5와 8의 문제 때문에, 현재의 우주에서 볼 수 있는 다양한 원소들을 빅뱅 시기에는 만들어낼 수가 없다. 앞에서 이야기했듯이 이런 점이 빅뱅이론에 불리하게 작용해, 한동안 빅뱅이론에 대한 과학자들의 흥미가 식기도 했다. 하지만 빅뱅 직후의 초기 우주에는 다양한 원소가 없어도, 빅뱅 이후 현재의 우주가 되기까지의 진화 과정에서 만들어진다면, 이 문제는 해결이 된다.

5-4:
3중 알파반응의 기발함

호일의 원자핵반응 연구

빅뱅이론에 반대했던 프레드 호일은, 이 세계에 존재하는 다양한 원소의 기원을 설명하고자 별의 내부에서 일어나는 원자핵반응에 주목했다. 질량수가 5와 8인 안정적인 원자핵이 없다는 사실은 별 내부에서도 다양한 원소를 만드는 데 장애로 작용한다. 그러나 빅뱅의 상황과 별 내부의 상황은 다르다. 별 내부에는 빅뱅 시기와 비교해 충분히 많은 물질이 존재하기 때문에 질량수 5와 8의 장애를 뛰어넘을 수 있다.

호일이 질량수 5와 8의 문제를 해결한 경위는 매우 흥미롭다. 질량수 5와 8의 문제를 피해서 보다 무거운 원소를 만들기 위해서는, 질량수 4인 헬륨을 세 개 모아서 질량수 12인 탄소를 직접 만들 필요가 있다. 만약 질량수 8인 베릴륨 원자핵이 안정적이라면, 질량수 4인 헬륨 원자핵 두 개가 충돌해 베릴륨 원자핵이 되고, 거기에 질량수가 4인 또 다른 헬륨 원자핵이 충돌하면 질량수 12인 탄소 원자핵이 될 수 있다. 일단 이렇게 별 내부에서 탄소 원자핵이 만들어지면, 그것을 발판으로 삼아 탄소 원자핵보다 더 무거운 원자핵도 차례로 만들 수 있게 된다.

하지만 실제로는 앞에서 보았듯이 질량수 8인 베릴륨 원자핵은 불안정해서, 우연히 만들어지더라도 거의 한순간에 붕괴돼 버린다. 그런데 그 한순간의 찰나적인 틈을 이용해 다른 헬륨 원자핵이 충돌한다면 탄소 원자가 생길 수 있다(그림3). 즉 질량수 4인 헬륨 원자핵 3개가 거의 한순간에 충돌할 필요가 있다. 질량수 4인 헬륨 원자핵은 알파입자라고도 불리기 때문에, 헬륨-4 원자핵 세 개가 충돌하는 이 반응을 '3중 알파반응'이라고 한다.

'3중 알파반응'이 효율적으로 일어나기 위해서는, 풍부한 양의 헬륨과 대단히 높은 온도가 필요하다. 하지만 이보다 더 중요한 것은, 탄소 원자핵이 아래에 서술하는 것과 같은 성질을 가져야 한다는 점

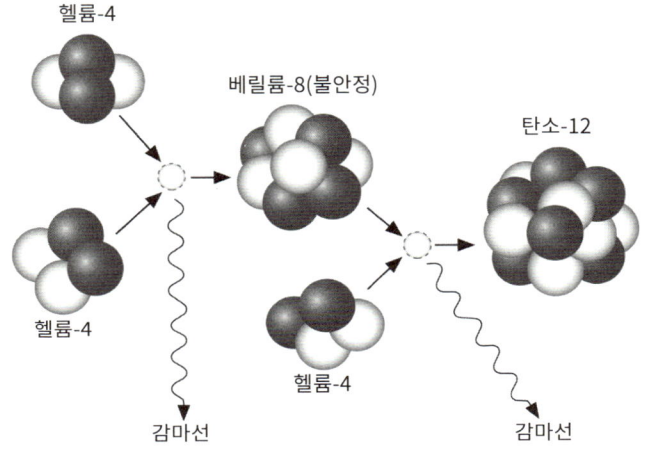

그림3 헬륨 원자핵으로부터 탄소 원자핵을 만드는 3중 알파반응.

이다. 원자핵의 내부구조에 따라 원자핵은 여러 개의 에너지값을 가질 수 있다. 하지만 그 에너지값들은 아무 값이나 취할 수 있는 것이 아니라 양자론의 원리에 따라 결정되는, 일정한 간격을 둔 특정한 값만을 취할 수 있다. 이런 값들을 '에너지준위'라고 한다.

원자핵반응에는 이 에너지준위가 매우 중요한 역할을 한다. 특히 '3중 알파반응'이 일어나기 위해서는 탄소 원자핵이 특정한 값의 에너지준위를 가져야만 한다. 그 까닭은 이렇다. 에너지는 전체적으로 증가하지도 감소하지도 않는다는 에너지 보존법칙을 따른다. 따라서 3중 알파반응이 충분히 효율적으로 일어나려면, 재료가 되는 헬륨 원자핵 세 개의 에너지 총합과, 반응 이후에 만들어지는 탄소 원자핵의 에너지가 같아야 한다. 그런데 실제로, 헬륨 원자핵 세 개의 에너지 총합과 일치하는 에너지준위가 탄소 원자핵에 존재하는 것이다!

우주는 생명이 탄생할 수밖에 없게 만들어졌나

사실은 3중 알파반응이 필요로 하는 특정한 값의 에너지준위가 실제로 탄소 원자핵에 존재하는지는, 호일이 밝혀낼 때까지는 알려지지 않았다. 호일은 이 세계에는 다양한 원소가 존재하기 때문에, 이런 세계가 만들어지려면 탄소 원자핵에 특정한 값을 가진 에너지준위가 존재해야만 한다고 예측했는데 그것이 실제로 적중했다.

호일이 했던 방식으로 물리적인 특성이 예측되는 경우는 거의 없다. 사실, 다양한 원소가 존재하는 세계가 만들어지기 위해서는 탄소 원자핵이 특정한 값의 에너지준위를 가져야 하는데, 실제로 마치 기다렸다는 듯이 탄소 원자핵이 그런 값의 에너지준위를 갖고 있다는 것은 매우 불가사의하게 여겨진다. 흡사 탄소 원자핵 스스로 그렇게 만들어지도록 원했던 것처럼 보일 정도로 놀라운 현상이다.

원자핵의 에너지준위 값은, 몇 개의 물리상수(常數)로 결정된다. 물리상수란 물리법칙에 나타나는 특정한 값이다. 만유인력의 법칙에서의 중력 상수, 전자기력에서의 전기소량(elementary electric charge, 전자가 가진 전하의 절대값, 기본전하라고도 한다) 등이 물리상수의 예들이다. 이런 물리상수 가운데 독립적으로 값을 부여할 수 있는 것은 전부 30개 정도로 알려져 있다. 물리상수가 왜 그런 특정한 값을 가지는지는 이론적으로는 이유를 알 수가 없다. 실험이나 관측을 통해 그런 특정한 값을 가진다는 사실을 알게 되었을 뿐이다.

물리상수의 값은 제각각이다. 예를 들어, 중력은 전기나 자기의 힘에 비해 극히 작다. 작은 자석이 쇠로 된 구슬을 들어 올릴 수 있는 까닭은 자석이 쇠 구슬을 끌어당기는 힘이, 지구라는 거대한 물체가 아래로 끌어당기는 중력보다 훨씬 크기 때문이다. 이것은 전자기력의 세기를 결정하는 전기소량이, 중력의 세기를 결정하는 중력 상수보다 훨씬 크기 때문이기도 하다.

물리상수가 특정한 값을 갖는 데는 특별한 이유가 없듯이, 탄소 원자핵의 에너지준위가 3중 알파반응이 제대로 일어날 수 있도록 만드는 값을 갖는 데에도 특별한 이유가 없다. 어찌 된 영문인지 모르지만, 별 내부에서 특정한 에너지준위 값을 가진 탄소 원자핵이 만들어지도록 미세조정된 것이다.

우주에 탄소 원자핵이 없었다면, 이 세계가 지금처럼 다양한 원소를 가지지 못했을 것이고, 그렇게 되면 당연히 우리 인간도 태어나지 못했을 것이다. 이것은 마치 우주가 우리 인간이 태어날 수 있도록 물리상수를 적절히 조정한 것처럼 보인다.

우주의 성질은 인간이 태어났든 태어나지 않았든 상관없이 존재해야 한다고 생각하는 과학자들이 많았고, 지금도 특히 기초물리학 연구자들은 그런 의견을 가진 이들이 많다. 그러니 탄소 원자핵의 에너지준위 값과 관련된 문제는 과학자들 사이에 파문을 일으킬 수밖에 없었다. 호일 자신은 이런 철학인지 과학인지 알 수 없는 문제에 대해서는 더 깊이 들어가지 않았다. 하지만 우주 내부는 생명을 탄생시킬 수 있도록 미리 미세조정돼 있는 것은 아닐까, 라는 관점이 생겨나기 시작했다.

5-5: '인간원리'란 무엇인가

카터가 던진 질문

우주에서 생명체와 인간이 탄생하는 것은 필연적인 것이 아닐까, 라는 문제의식은 1973년 브랜던 카터(Brandon Carter, 1942년~)라는 호주 물리학자가 처음으로 분명하게 제시했다. 상식적으로 보자면 우주가 오랜 시간 진화를 한 결과 인간이 우주에 태어났다. 카터는 이 상식을 뒤집어, 인간이 우주에서 태어난 것이야말로 우주의 성질을 설명하는 원리가 될 수 있다면서, 거기에 '인간원리'라는 이름을 붙였다. 당연하지만, 기존 논리를 뒤집는 카터의 관점을 받아들이지 않는 과학자들도 많고, 이후 계속 논란의 대상이 됐다.

인간원리라는 이름에는 다소 오해의 소지가 있다. 그것은 인간이 세계의 중심이라는 의미가 아니다. 인간과 같은 생명체가 우주에 존재함으로써 처음으로 우주가 관측될 수 있었기 때문에, '관측된 우주'는 생명체가 탄생하는 것과 같아야 한다고 보는 것이다. 그것은 당연하고 자명한 것처럼 들리지만, 과연 그것을 우주를 이해하는 원리로 삼아야 하는지는 자명하지 않은 문제다. 카터 자신은 훗날 인간원리라고 명명한 것은 적절하지 않았다며 '자기 선택 원리'로 불렀어야 했다고 후회했다.

인간원리라고 간단히 부르지만, 그것은 정확히 정의된 용어가 아니며, 받아들이는 방식도 사람에 따라 천차만별이다. 인간원리를 둘러싼 문제는 순수과학이라기보다는 철학에 가깝다. 그래서 과학자들끼리 인간원리에 대해서 말할 때 논의가 겉도는 경우도 많다.

최근에는 소립자론 중에서 첨단적인 이론이라고 할 수 있는 끈이론에서 인간원리를 채택한 관점이 나타나고 있다. 필자는 끈이론 전문가가 아니지만, 학회 등에 가보면 소립자 연구자들이 인간원리에 대해 논의하는 장면을 종종 목격한다. 그럴 때도 토론이 겉돈다는 느낌을 받을 때가 많다.

'약한 인간원리'와 '강한 인간원리'

인간원리에는 크게 '약한 인간원리'와 '강한 인간원리' 두 종류가 있다. 이 분류는 카터가 인간원리를 고안했을 때 처음 도입했다. 약한 인간원리는 온건한 관점이다. 이 원리의 예로는 카터 이전에 미국 물리학자 로버트 디키(Robert Dicke,1916~1997년)가 1961년에 지적한 바 있다. 디키에 따르면 우주의 나이가 지금 100억 년 정도 되는 것은 당연하다. 그것은 다음과 같은 이유 때문이다.

우주 초기에는 탄소와 탄소보다 무거운 원소가 없었기 때문에, 그런 원소들이 필요한 인간은 존재할 수 없었다. 인간이 존재하기 위해서는 별 내부에서 다양한 원소가 만들어지고, 별의 폭발로 그 원소들이 우주 공간에 흩어지고, 그것들을 재료로 삼아 태양계와 지구가 형성되기를 기다려야만 했다. 이처럼 생명에 필요한 다양한 원소를 품은 지구가 만들어지기 위해서는 적어도 별이 일생을 마치고 새로운 별이 만들어지는 과정이 있어야 한다. 그러려면 최소한 수십 억 년의 시간이 흘러야 한다. 한편 우주의 나이가 1,000억 년 이상이 되면, 태양과 같은 별은 모두 타 버려서 생명이 활동할 수 있는 환경이 사라져 버리게 될 것이다. 따라서 현재 우주의 나이가 100억 년 정도라는 것은 이상한 일이 아니며, 그것보다 훨씬 젊거나 늙은 우주에 인간이 살지 않는 것은 당연한 일이다.

이런 주장이 약한 인간원리의 전형적인 예다. 이 원리는 인간이 생존할 수 있는 장소나 시간이 이 우주 안에 한정돼 있다고 말하는 것에 불과하다. 즉 인간이 생존하는 곳에서만 인간은 우주를 관측할 수 있다고 말하는 것이다. 이 원리에 따르면, 인간이 관측하는 우주는 어떤 일정한 성질을 만족시키지 않으면 안 된다. 약한 인간원리가 세계가 가진 어떤 성질에 대해 자연스러운 설명을 하고 있다는 점은 많은 과학자가 동의한다.

한편 강한 인간원리는 훨씬 전위적이다. 우주 자체의 성질이 인간의 존재를 허락할 수밖에 없다는 것이다. 특히 여러 물리상수들이 왜 특정한 값을 갖고 있는가, 라는 문제는 강한 인간원리로만 설명될 수 있다. 예컨대, 탄소의 에너지준위가 3중 알파반응이 일어나기에 딱 적합하도록 정해져 있다는 사실은 강한 인간원리로 설명할 수 있다. 우주에 탄소가 만들어져 인간이 탄생할 수 있으려면 특정한 물리상수의 값이 필요하기 때문이다.

강한 인간원리는 얼핏 동어반복처럼 여겨질 수 있다. 왜냐하면 '인간이 존재하는 우주는, 인간이 존재할 수 있는 조건을 만족시킨다'는 건 별 의미가 없는 말처럼 보이기 때문이다. 이런 것을 '원리'라고 부를 수 있는 것인가라는 의문도 든다. 하지만 강한 인간원리를 이용해 아직 알려지지 않은 물리적인 성질을 예측할 수 있다면 과학적인 원리로 불러도 될 것이다. 프레드 호일은 인간원리를 이용해 탄소 원자핵의 에너지준위를 예측한 것 같지는 않지만, 결과적으로는 강한 인간원리를 이용한 예측이었다고 해석할 수 있다.

우주는 하나가 아닐지도 몰라

'인간원리'가 과학적으로 어느 정도 유용한가에 대해서는 의견이 갈린다. 탄소 원자핵의 에너지준위에 관한 예측은 강한 인간원리의 유용성을 가리키는 것처럼 보이지만, 그 외에는 과학적으로 정량적인 예측을 인간원리로부터 끌어낸 사례가 없다. 인간원리로 설명할 수 있다고 말해지는 현상도, 이미 알려진 것을 나중에 이유를 갖다 붙인 것에 불과하다고 할 수 있다.

제대로 된 과학자라면 인간원리는 피해야 한다고 충고하는 이들도 많다. 과학연구에 대한 전통적인 입장은, 과학이란 객관적인 사실을 토대로 하며, 인간의 존재 여부와 관계없이 객관적으로 존재하는 자연현상을 연구대상으로 삼는다. 인간의 존재 여부를 자연현상의 설명에 끌어들이는 것은 온당하지 않다고 간주하는 것이다.

그런데 고전물리학에서는 그런 관점이 통용되지만, 현대물리학으로 넘어오면 얘기가 달라진다. 양자론이나 상대성이론에서는 '관측자'의 존재가 자연현상을 설명하는데 본질적이라는 사실이 알려져 있기 때문이다. 따라서 관측자의 존재를 완전히 무시할 수도 없는 상황이다.

강한 인간원리에 대한 많은 과학자의 반응은 얼마 전까지만 해도 그다지 곱지 않았다. 하지만 최근 우주론이나 소립자론 분야에서 강한 인간원리를 강력하게 지지하는 '인간원리파'라고 할 수 있는 일군의 연구자들이 등장했다. 그 중요한 이유는 이론적인 관점에서 볼 때, 우주가 하나가 아닐지도 모른다는 가능성이 제기되었기 때문이다.

사실 우주가 하나밖에 없다면, 강한 인간원리는 상식적으로 이해하기 힘든 철학적 사고로 보인다. 강한 인간원리에 따르면, 우주에 인간과 같은 지적 생명체가 출현하는 것은 필연이며, 그것은 이유를 추궁할 수 없는 하나의 원리라는 것이다. 하지만 우주 안에서 어떻게 생명체가 태어났는지가 과학적으로 확실히 해명되지 못한 현재로서는, 강한 인간원리가 과학적인 연구대상이 되기는 어렵다.

그러나 만약 우주가 무수히 존재하고, 그들 중 하나의 우주에서 우연히 인간과 같은 지적 생명체가 태어났다면, 강한 인간원리는 간단하게 이해할 수 있는 논거가 된다. 이 우주에서 인간이 태어났다는 것은 무수히 많은 우주 가운데 우연히 이 우주가 생명체가 태어나기에 딱 알맞은 조건을 충족시키기 때문이라고 할 수 있기 때문이다. 인간이 없는 우주가 무수히 많이 있다면, 우연히 인간이 태어나기에 적합한 우주에 우리가 존재하게 되었다고 해도 그다지 이상한 일이 아니다. 이 경우에는 강한 인간원리도 약한 인간원리와 본질상 다르지 않게 된다.

우주가 우리 우주 외에도 무수히 존재할 수 있다고 본 다중우주론은 오래전부터 있었지만, 과학자들이 진지하게 검토하기 시작한 것은 비교적 최근의 일이다. 이전에는 다중우주론을 진지하게 취급하는 연구를 대중적인 인기에 편승한 일시적인 유행으로 폄훼했다. 하지만 최근 연구가 진척됨에 따라, 다중우주를 전제하지 않으면 설명될 수 없는 현상들이 나타나면서 다중우주에 대한 연구자들의 저항감도 이전보다는 훨씬 줄었다.

5-6:
소립자론에서 보는 다중우주

'만물의 이론'

최근 다중우주라는 학설이 주목을 받는 배경에는 소립자론의 하나인 끈이론이 등장한 것과 관련이 있다. 끈이론의 궁극적인 목적은, 몇 개로 나누어져 있는 물리학의 기본 법칙들을 하나로 통일시켜, 단일한 이론으로 모든 법칙을 끌어낸다는 것이다.

이처럼 모든 법칙을 도출하는 단 하나의 이론을 '만물(모든 것)의 이론(Theory of Everything)'이라고 한다. 그런 이론이 존재하는지 아닌지는 아직 모르며, 끈이론이 만물의 이론이 될 수 있는지도 아직은 알 수가 없다. 끈이론이 미지의 베일에 싸여 있다는 점이 오히려 끈이론의 매력 중 하나이기도 해서, 많은 연구자가 이 거창한 주제에 끌리고 있다.

끈이론은 애초에는 세계의 만물을 설명하겠다는 거창한 목적을 갖지는 않았다. 소립자에 작용하는 기본적인 힘들을 연구하는 과정에서, 원자핵 안에서 작용하는 '강한 힘'을 설명하기 위해 처음 제기되었다. 그러나 강한 힘을 설명할 수 있는 다른 이론이 나와 그것이 실험 결과를 더 잘 설명한다는 것을 알게 되면서, 끈이론은 한동안 연구자들의 관심에서 멀어졌다. 그러다 마이클 그린(Michael Boris Green, 1946년~)과 존 슈워츠(John Henry Schwarz, 1941년~)가 1984년에 끈이론은 '강한 힘' 뿐만이 아니라 모든 힘을 설명할 수도 있다는 연구 결과를 내놓았다. 특히 끈이론에는 양자중력에 대응하는 요소가 포함돼 있다는 조짐이 보여 이것이 연구자들의 큰 기대를 모았다. 이후 전 세계에서 내로라하는 과학자를 비롯해 많은 이들이 끈이론에 매진해 오고 있지만, 아직은 완성될 기미가 보이지 않는다. 그 정도로 끈이론은 매우 어려운 과제를 던지는 이론이다.

적어도 9차원의 공간이 필요하다

끈이론이 논리적으로 정합성을 가지려면, 공간의 차원이 3차원이어서는 안 된다. 끈이론 안에서도 여러 가지 다른 관점이 존재하고, 각자의 관점에 따라 필요한 공간의 차원은 다르지만, 적어도 9차원의 공간이 필요하다. 현실의 공간은 3차원이기 때문에, 이대로는 현실의 세계를 나타내지 못한다. 따라서 끈이론이 현실의 세계를 나타낼 수 있으려면, 여분의 차원이 어떤 이유로 인간이 사는 세계로부터 숨겨져 있어야 한다.

여분의 차원을 숨기기 위해서는, 그것을 작고 둥글게 말면 좋다. 예를 들어 종이는 2차원의 표면을 갖고 있다. 이것을 말아서 원통 모양으로 만들면, 하나의 차원이 더해지게 된다. 여기서 [3차원인] 원통의 반지름을 인간이 감지할 수 없을 정도로 작게 하면 마치 하나의 선처럼 [1차원으로] 보이게 될 것이다.

예컨대 머리카락을 떠올려보자. 머리카락을 확대해서 보면 표면은 2차원이다. 이 2차원 안에서 머리카락이 뻗어있는 방향은 크게 펼쳐져 있지만, 머리카락과 수직 방향은 극히 작은 원통 모양이다. 그 때문에 머리카락은 거리를 두고 떨어져서 보면 1차원의 선처럼 보이게 된다. 끈이론에서 나타나는 여분의 차원도 이처럼 아주 작게 말려있다고 보면 된다. 인간의 눈으로는 너무나 작게 말려있는 차원을 감지할 수가 없어, 그 여분의 차원이 존재하지 않는 것처럼 보일 뿐이다.

끈이론의 9차원 공간에는, 현실의 공간이 3차원이기 때문에 여분의 6차원이 말려져서 숨겨질 필요가 있다. 이 6차원이 우리 눈으로부터 숨겨지는 방법은 한 가지만 있는 게 아니고, 수학적으로 보면 매우 많은 가능성이 존재한다. 그 가능한 방법의 수를 모두 세는 것은 쉬운 일이 아닌데, 일설에 따르면 차원을 둥글게 만드는 방법이 10의 500제곱 개(1 뒤에 0이 500개나 이어지는 엄청나게 거대한 수이다)나 있을 것으로 추측한다. 이것은 우리의 상상을 초월하는 거대한 수이기 때문에, 거의 무수하게 많다고 해도 좋을 정도이다.

여분의 공간차원을 숨기는 이토록 무수히 많은 방법 각각은, 서로 다른 성질을 갖는 우주에 대응한다. 그 각각의 우주 안에 있는 물질의 종류나 특성, 물리법칙이나 물리상수도 서로 다를 것이다. 이 모든 우주가 현실에 존재하는지 아닌지를 밝히기는 불가능하다. 하지만 적어도 수학적으로는 엄청나게 많은, 서로 다른 우주가 존재할 가능성이 크다고 할 수 있다.

다중우주를 검증하는 것은 지난한 작업

우주가 존재할 가능성이 무수하게 있다면, 그중에는 소수일지라도 인간을 탄생시킬 수 있는 우주가 존재한다고 생각해도 크게 무리가 없다. 또 인간이 태어날 수 있는 우주에서만 인간이 존재해야 하므로, 우리가 사는 우주가 인간을 탄생시킬 수 있도록 미세조정돼 있다고 해도 그다지 이상하지 않다.

끈이론은 한때, 인간이 사는 이 우주의 성질을 모두 설명할 수 있는 '만물의 이론'이 될 수 있다는 기대를 받기도 했다. 그런데 앞에서 봤듯이 끈이론에 의해 다중우주의 가능성이 생긴다면, 우리가 사는 이 우주가 유일한 우주가 아니므로, 이 우주의 성질을 설명하려면 '인간원리'에 의존하지 않으면 안 된다. 이것은 끈이론이 애초에 가졌던 이상(理想)과는 반대되는 것이다. 이 때문에 끈이론에 인간원리를 도입하는 것에 반대하는 연구자도 많다. 반면 만물의 이론에도 인간원리의 도입은 불가피하다고 보는 연구자도 점점 늘고 있다.

우리가 사는 우주 외에 다른 우주가 있다는 다중우주의 가능성을 실험적으로 검증하는 것은 지극히 어려운 일이다. 이론적으로 다중우주의 가능성을 예측했다고 해도, 실험적인 뒷받침이 없으면 이론을 위한 이론이 돼 버리고 만다. 최종적으로는 실험이나 관측을 통해 검증할 수 있어야만 과학적인 이론으로서의 자격을 갖추기 때문이다.

끈이론은 현실적으로 실험할 수 있는 범위를 크게 벗어난 영역을 다룬다. 현재로서는 이론으로서의 정합성에 의지하면서 연구를 계속하는 것이 주된 방법일 뿐, 가까운 시일 안에 실험적인 검증을 하기는 어렵다. 이론 자체도 아직 완성돼 있지 않고, 단편적으로만 흥미로운 발견이 이뤄지는 상황이다. 끈이론이 현실의 우주와 어떻게 관계 맺고 있는지 최종적인 결론을 내리기는 시기상조다. 이와 같은 기초연구가 열매를 맺으려면 오랜 시행착오 과정을 거칠 수밖에 없다. 앞으로 연구가 더욱 발전하기를 기대해 본다.

5-7:
우주론에서 말하는 다중우주

밋밋한 우주로는 곤란하다

우주론 연구에서도 다중우주의 가능성이 여러 장면에서 거론되고 있다. 제1장에서 다룬 인플레이션 이론도 다중우주를 시사하는 이론의 하나다. 인플레이션 이론은 우주 초기에 급격한 팽창, 즉 인플레이션이 있었다고 보는 이론을 총칭하는 말이다. 우주 초기에 급팽창한 시기가 있었다고 하면, 지금 우리가 사는 광대한 우주를 자연스럽게 설명할 수 있는 등 편리한 점이 많다. 하지만 인플레이션이 어떤 메커니즘으로 일어나는지는 아직 확실하지 않아서 여러 가능성이 제기된다. 그 각각의 가능성에 따라 얻어지는 우주의 상(像)도 달라진다.

인플레이션 이론에는 고전적인 물리와 양자적인 물리의 특징이 모두 포함돼 있다. 인플레이션을 일으키려면 고전적인 물리 메커니즘으로도 충분하다. 하지만 고전적인 물리만으로는 인플레이션에 의해 우주의 크기가 급격히 커지기는 하지만, 우주가 밋밋해져 버린다. 즉 아무런 구조도 가지지 않는, 극단적으로 균질적인 우주가 되고 만다. 그렇게 극단적으로 밋밋한 우주에서는 별도 은하도 생기지 않는다. 당연히 인간도 존재하지 않는다. 그런 우주가 어딘가에 있어도 좋을지 모르지만, 적어도 우리가 사는 우주는 아니다. 우리가 사는 우주는 그렇게 전적으로 밋밋해서는 곤란하다.

우주 전체는 우연에 지배되었다?

한편 우주 초기에 조금이라도 요동이 생겨, 균질성에 아주 작은 변화가 생긴다면 그것을 씨앗으로 삼아 우주에 구조가 생길 수 있게 된다. 중력은 만유인력이라고 불리듯이, 물체들 사이에서 서로 끌어당기는 힘으로 작용한다. 최초에 우주 공간에서, 다른 장소에 비해 조금이라도 더 많은 물질이 존재하는 곳이 있다면, [중력의 끌어당김으로 인해] 그곳을 중심으로 주변의 물질이 점점 모인다. 그 결과 처음에는 아주 약간의 비균질성밖에 없어도, 시간이 지남에 따라 비균질성이 증폭되어 변화가 풍부한 우주로 변하게 된다. 즉 우주에 구조가 생기고 별이나 은하가 만들어지는 것이다.

그런데 고전적인 물리에만 의존하면 인플레이션이 일어날 수는 있지만, [위에서 말한 것 같은] 변화가 풍부한 우주를 만들어낼 수는 없다. 그래서 인플레이션 이론에서는, 우주 초기에 비균질성이 만들어지는데 양자론이 본질적인 역할을 했다고 본다.

양자론에서는 물리적인 성질이 확정적이지 않다. 완전히 균질적인 우주란 우주의 어떤 장소에서 보더라도 모두 똑같은 상태에 있다는 뜻이다. 모든 장소에서 똑같기 위해서는 모든 장소에서 '확정적이지' 않으면 안 된다. 그렇지 않으면 어디에서나 똑같은 상태가 될 수 없기 때문이다.

그러나 양자론에 따르면 완전히 확정적인 상태란 있을 수 없으므로, 우주에서 모든 장소가 똑같이 균질하게 될 수가 없다. 따라서 인플레이션으로 우주가 균질해진다고 해도 어딘가에는 양자요동의 형태로 비균질적인 요소가 조금이라도 남아 있어야 한다. 인플레이션 이론에서는 이 양자요동에 의한 비균질성이, 우리가 사는 우주의 모든 구조를 만든 기원이라고 본다.

이것이 사실이라면, 우리 인간을 포함해 우주에 있는 모든 구조는, 우연이 지배하는 양자적인 불확정성에서 태어난 셈이다. 우주 전체가 우연에 지배되었다는 사실은 별로 믿고 싶지 않을지도 모르지만, 우리의 삶도 우연에 크게 좌우되고 있다는 점을 생각하면, 별로 이상한 일은 아니다.

양자적인 불확정성 탓에 인플레이션이 끝나는 시각은 장소에 따라 다르다. 그 시간 차이가 근소하면, 아주 작은 비균질성을 만든다. 하지만 인플레이션이 끝나는 시각이 크게 다를 수도 있다. 극단적으로 말하면, 아직도 인플레이션을 일으키는 장소가 있을 수 있다.

다른 우주가 계속해서 태어날 가능성

양자요동은 모든 가능성을 포함하므로, 어떤 장소에서는 인플레이션이 계속되고 있는데도 그 주변에서는 인플레이션이 이미 끝난 상황일 수도 있다. 이때 인플레이션을 일으키고 있는 장소에서는 공간이 급격히 팽창하지만, 그 주변 공간은 그것보다 훨씬 느리게 팽창한다.

이렇게 되면, 인플레이션을 계속하고 있는 장소는, 주변의 다른 공간과 연결되지 못한 채 분리돼 버린다. 즉 다른 우주가 탄생한다. 이처럼 인플레이션은 다른 우주를 만들어낼 수 있다. 게다가 다른 우주에서도 양자적인 불확정성이 있으므로 거기서도 다른 우주가 태어날 수 있다. 최초의 우주를 모(母)우주라 하면, 거기서 태어난 우주는 자식(子)우주, 자식 우주에서 태어난 우주는 손자(孫)우주가 된다. 이처럼 다른 우주는 얼마든지 증식해 갈 수 있으므로, 그 결과 다중우주가 된다.

단 여기서 주의할 점은 양자적인 불확정성은, 관측할 때 비로소 현실(존재)이 되고, 관측되기 전에는 어디까지나 가능성에 불과한 상태[존재와 비존재, 현실과 비현실이 중첩된 상태]라는 점이다. 실제로 우주 초기에 양자요동으로 인해 생성된 비균질성이, 어떻게 해서 현실 우주의 비균질성이 되어 구조를 만드는 씨앗이 되는지는 아직 해명되지 않았다.

이것은 양자론을 어떻게 이해해야 하느냐는 문제(양자론의 '해석 문제')가 아직 해결되지 못했기 때문이다. 양자론의 통상적인 해석은, 관측자의 측정행위가 [비현실과 현실의 중첩 상태로부터] 현실을 만들어낸다는 것이다. 하지만 우주 초기에는 관측자가 존재하지 않으므로 통상의 양자론 해석을 그대로 적용할 수가 없다. 이런 애로 때문에 인플레이션 이론이 다중우주를 만드느냐 아니냐는 양자론의 본질에 관련된 문제이기도 하다. 이 점에 대해서는 다음 장에서 더 자세히 살펴보도록 하자.

제6장
우주의 시작에
답은 있는가?

6-1: 우주의 시작이라는 의문
6-2: 휠러의 '참가형 우주'
6-3: 호킹의 '톱-다운형 우주'
6-4: 휠러와 다(多)세계 해석
6-5: 우주관(宇宙觀)은 돌고 돈다
6-6: 정보와 우주
6-7: 플랑크톤이 매우 똑똑하다면.

6-1:
우주의 시작이라는 의문

우주의 시작 이전을 생각한다는 것은?

우주의 시작은 세상에 존재하는 모든 것의 기원이다. 세상에 있는 모든 의문이 응축된 곳, 그것이 우주의 시작이다. 우주에서 일어나는 현상의 원인은 모두 과거의 우주에 있으므로, '궁극의 과거'인 우주의 시작이 만물의 원인이라 할 수 있다.

'우주는 어떻게 시작됐는가'라고 쉽게 입에 올리지만, 사실 이 단순한 의문에 얼마나 깊은 의미가 있는지를 잘 생각해보면 정신이 아득해지지 않을 수 없다. 앞에서 호킹의 '무로부터의 우주 탄생론'을 다룰 때, 우주가 시작되기 이전을 생각하는 것은, 지구의 남극보다 더 남쪽에는 무엇이 있는지를 생각하는 것과 같다고 했다. 우리가 생활하는 영역에서는 어디를 가든 동서남북이라는 방위가 사라지는 일은 없다. 동서남북은 어디에나 존재한다고 생각해도 생활할 때 아무런 문제가 없다. 하지만 우리가 경험하는 세계가 전부는 아니다. 대부분 사람은 갈 일이 없는 남극점이나 북극점에서는 우리에게는 너무나 당연한 동서남북이라는 방위가 존재하지 않는다.

더구나 동서남북은 지구상에서만 통용되는 방위이다. 우주 공간으로 날아가 지구로부터 멀어지면, 동서남북의 기준은 아무런 의미가 없어진다. '안드로메다은하로부터 북쪽으로 100만 광년을 나아가라!'는 말을 들으면 곤란해진다. 왜냐하면 지구상에서 북쪽을 가리켰다 하더라도, 우주의 시점에서 보면 북쪽이라는 방향이 장소에 따라 다르기 때문이다. 일본인이 가리키는 북쪽과 유럽 사람이 가리키는 북쪽이 우주 공간에서 바라보면 다를 수밖에 없다. 이것은 지구의(地球儀)를 떠올려보면 쉽게 알 수 있다.

어떤 의미에서는 시간의 흐름도, 지구상에서만 의미를 갖는 방위와 같다. 우주 안에 살고 있으면 어디서든 시간은 정해진 방향(즉 미래)을 향해 흐르는 듯이 느껴진다. 적어도 일상생활에서는 그렇게 생각해도 아무런 문제가 없다.

그러나 제4장에서 설명했듯이, 시간과 공간은 일체이고, 공간과 마찬가지로 시간은 우주 안에서만 의미가 있다. '우주의 바깥' 같은 것을 생각하더라도, 거기에 과거나 미래라는 시간의 흐름이 있으리라고 생각하는 것은 부자연스럽다. '시간의 시작'이라는 특이점에서는, 남극점에 남쪽이 없는 것처럼, 그것보다 앞선 시간은 없다고 생각하는 것이 자연스럽다. 이것은 전혀 억지스러운 이야기가 아니다.

물론 '시간의 시작'에 관한 이런 견해가 옳다고 아직 완전히 증명된 것은 아니다. 어디까지나 이론적인 가능성으로서 제시되고 있을 뿐이다. 현재까지 나온 이론을 토대로 몇 가지 추측을 보태서 얻어진, 가장 그럴듯하게 여겨지는 관점일 뿐이다. 이 점은 충분히 유의할 필요가 있다.

'우리 우주'를 초월한 곳에는 무엇이 있나

시간이 우주의 시작과 함께 출현했다면, 우주의 시작 이전에는 무엇이 있었냐고 묻는 것은 무의미하다. 그렇다고 우주의 시작이라는 수수께끼가 풀렸다고 할 수는 없다. 결국 우주가 시작된 원인이 무엇이냐는 문제는, 시간을 거슬러 올라가는 것만으로는 해결될 수가 없다.

우주에는 시간도 포함돼 있으므로, 시간을 아무리 거슬러 올라가도 우주의 바깥으로 나갈 수는 없다. 공간에 대해서도 마찬가지여서,

우주 안을 아무리 돌아다녀 봐도 우주 바깥으로는 나가지 못하므로, 우주 바깥에서 우리 우주를 들여다볼 수도 없다. 마찬가지로 시간을 아무리 거슬러 올라가도 우리 우주가 시작되기 이전에는 도달할 수가 없으므로, 우주를 탄생시킨 원인에 다다를 수 없다.

따라서 우주의 시작에 원인이 있다면, 그것은 시간과 공간을 초월한 곳에 있다. 우주의 시작 이전이라든지, 우주 바깥의 공간이라는 것은 우리가 사는 우주에는 없다. 만약 그런 것이 있다면 우리 우주와 이어지거나 연결되지 않은 다른 차원의 존재일 것이다. 우주를 탄생시킨 원인이 있다면, 우리 우주를 초월한 곳에서 찾지 않으면 안 된다.

'무로부터의 우주 탄생론'에서는 우주를 초월한 이 무엇인가를 '무'라고 부른다. '무'란 어떤 것도 없다는 의미가 아니다. 우주를 탄생시킬 능력은 있지만, 시간과 공간이라는 속성은 갖지 않은 것이 '무'다. 시간과 공간은 이 '무'에서 태어나기 때문에, 우주가 태어나기 이전에는 존재하지 않았다.

인간은 날 때부터 시간과 공간 속에서 살기 때문에, 우리 경험의 범위를 완전히 뛰어넘는 '무'를 상상하기는 불가능하다. 그렇지만 시간과 공간의 '시작'에 대해 생각한다면, 불가피하게 시간과 공간이 없는 상태를 생각하지 않을 수 없다.

'무'가 우주를 탄생시킬 힘을 가졌다고 생각한다

시간도 공간도 없는 '무'의 상태가, 우주를 탄생시킬 힘을 가졌다고 생각해보자. 또 '무' 상태에도 양자론의 원리가 작용한다고 하자. 제3장에서 설명했듯이 양자론은 현실과 비현실 사이에 있는 가능성이 모두 중첩돼 있다는, 굉장히 불가사의한 특성을 갖는다. 이 양자론의 원리를 '무'에 적용하면, 우주가 태어난 상태와 태어나지 않은 상태가 중첩된 기묘한 것이 된다.

게다가 거기서 태어나는 우주는 우리가 사는 지금의 우주와는 전혀 다른 성질을 가진다고 보는 것이 자연스럽다. 실제로는 이 '무'의 물리적인 성질이 이론적으로 정립돼 있지 않기 때문에, 어떤 우주가 태어날지 미리 알 수는 없다. 하지만 적어도 '무'에 우리 우주가 포함돼 있지 않으면 안 된다.

양자론은 우리가 사는 우주 속에서만 확실한 원리이므로, 그것이 우주의 바깥에도 적용될 수 있는지는 분명치 않다. 그러나 물리학자는 제한된 상황에서 발견된 원리를, 가능하면 그 범위를 넘어선 일반적인 상황에도 적용해보려고 한다. 적어도 지금까지는 그런 방법을 통해 물리학이 성공을 거둬왔다.

예를 들어 중력의 법칙은 애초에는 태양계 행성의 움직임을 정확하게 설명하기 위해 만들어졌다. 뉴턴의 만유인력의 법칙과 그것을 일반화한 일반상대성이론은 태양계 안의 행성들 운동을 정밀하게 설명할 수 있는 이론으로서 세상에 나왔다. 이처럼 제한된 상황에서 들어맞는 중력이론을, 우주 전체로 확대함으로써 만들어진 것이 빅뱅이론이고, 그것이 큰 성공을 거두었다는 점은 앞장에서 설명한 바 있다.

빅뱅이론의 또 다른 기초가 되는 원자핵반응 이론도, 지상에서의 실험을 통해 발견되었으며, 이 한정적인 이론을 우주 전체로 확대 적용할 수 있다는 것을 보여준 것이 빅뱅이론이다.

물리 원리의 '적용 범위'

이처럼 물리의 원리는, 애초에 예상했던 것보다 놀라울 정도로 더 넓은 범위까지 적용할 수 있는 특성이 있다. 하지만 모든 원리가 아무런 제한 없이 넓은 범위로 적용될 수 있는 것은 아니다. 그것은 분명히 확인하기 전에는 알 수가 없다.

뉴턴의 만유인력의 법칙은 적용에 한계가 있다. 중력이 너무 강한 곳에서는 뉴턴의 법칙은 성립하지 않는다. 그런 곳에서는 아인슈타인의 일반상대성이론이 올바른 예측을 한다. 중력이 약한 곳에서는 뉴턴 이론도 아인슈타인 이론도 거의 똑같다. 즉 뉴턴 이론은 중력이 약한 곳에서만 적합한 근사적인 이론이고, 일반상대성이론은 그러한 제한이 없다.

이런 관계는 고전역학과 양자론에도 있다. 물리적인 값이 확실하게 결정되는 고전역학은, 그렇지 않은 양자론에 비해 근사적인 이론이며, 적용 범위도 양자론보다 협소하다. 원자처럼 극미의 세계에서는 고전역학은 적합하지 않고, 양자론이 올바른 이론이 된다. 반면 우리가 실제로 경험하는 세계에서는, 극미의 세계에서 두드러지는 양자론적인 성질은 사라지고 대신 고전역학이 성립한다. 거시세계는 극미의 세계가 겹겹이 쌓여서 만들어지므로, 원리적으로는 거시세계에도 양자론의 원리가 들어맞아야 한다. 그러나 실제로는 거시세계에서는 양자론의 기묘한 특성이 완전히 자취를 감춘다.

이처럼 물리의 원리에는 '적용 범위'라는 것이 있다. 만유인력의 법칙이나 고전역학에 대해서는 어디까지가 적용 범위인지를 이제 알고 있다. 그것은 일반상대성이론과 양자론이 발견된 덕분이며, 두 이론이 발견되기 전에는 만유인력의 법칙이나 고전역학의 적용 범위가 어디까지인지 알 수가 없었다.

양자론의 원리가 발견되기 이전의 물리학자들은 원자의 구조를 고전역학에 기초해 이해하려고 했다. 하지만 고전역학으로 원자의 움직임을 조사해 보니, 원자는 존재할 수 없는 것이 돼 버렸다. 그 까닭은 이렇다. 원자는 양전하를 가진 원자핵과 음전하를 가진 전자로 이루어진다. 또 원자핵은 원자의 중심부에 있고, 전자는 그 주변에 있다는 것도 알고 있었다. 그런데 양전하와 음전하는 서로 강하게 끌어당기므로, 원자핵 주변에 전자가 있으면, 전자는 원자핵에 끌려 바로 흡수된다. 따라서 원자핵 주변을 전자가 돌아다니는 구조를 고전역학으로는 해명할 수가 없었다.

물리학에 문외한인 일반인들에게, 태양 주변을 행성이 돌 듯이 원자핵 주변을 전자가 돈다는 식으로 설명하는 경우가 있다. 이것은 알기 쉽게 설명하기 위한 것일 뿐 실제로는 그런 식으로는 전자가 안정되게 원자핵 주변을 돌 수가 없다. 고전역학에 기초해서 계산해 보면, 원자핵 주위를 전자가 회전운동을 하려고 해도 그 즉시 전자로부터 빛이 방출되면서[맥스웰의 법칙에 따르면 전자가 가속도 운동, 즉 원운동을 하면 빛을 방출한다], 전자는 회전하는데 필요한 에너지를 잃어버리고 중심부의 원자핵으로 떨어져 버리기 때문이다.

그러나 양자론이 이런 상황을 극적으로 바꾸게 된다. 양자론에 따르면, 전자는 원자 안에서 특정한 장소에 있는 것이 아니라, 원자핵 주변에 흐릿하게 존재한다(그림4). 이처럼 전자가 존재하는 장소가 모호한 특성을 가리켜 '전자 구름'이라고 부르기도 한다. 전자는 원자 안에서는 구름처럼 어렴풋하게 존재한다는 것이다. 이처럼 기이하고 추상적인 것으로 보이는 양자론이지만, 실제 실험을 해보면 언제나 양자론이 예측한 대로 결과가 나오기 때문에 널리 받아들여

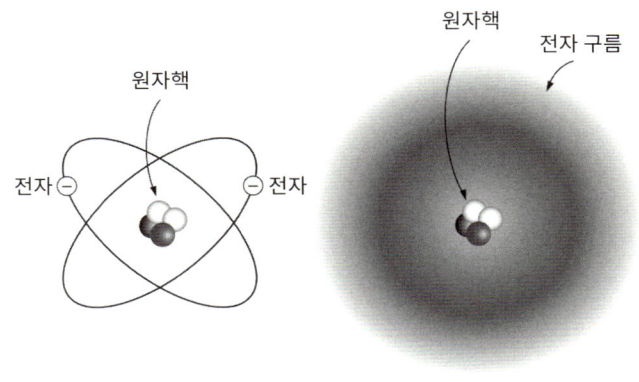

고전적인 원자 내부의 묘사　　**양자적인 원자 내부의 묘사**

그림4 원자 내부에 대한 고전적인 묘사와 양자적인 묘사. 고전적인 묘사에서는 전자의 위치가 확실하지만, 양자적인 묘사에서는 흐릿하게 구름처럼 돼 있다.

지는 이론으로 자리를 잡았다.

 양자론의 적용 한계가 어디까지인지는 아직 알려지지 않았다. 지금까지 행해진 실험의 범위 안에서만 보면, 양자론은 모든 현상에 들어맞는다. 또 당연히 지금까지의 모든 실험은 우주 안에서만 이루어졌다. 그런데 '무로부터의 우주 탄생론'은 양자론을 우주 바깥까지 적용하고자 하는, 어떤 의미에서는 매우 무모한 시도다.

시공간을 초월하는 방법은 있는가

양자론의 원리를 과연 우주의 바깥, 즉 시간과 공간을 초월한 영역에까지 적용할 수 있을까. 사실 그것은 누구도 알 수가 없다. 현재로서는 그것을 확인할 방법이 없기 때문이다. 만약 양자론이 시공을 초월한 영역에는 적합하지 않다면, 양자론과는 다른 어떤 원리가 시공간의 탄생에 관여한다는 말이다. 그 경우 현재의 지식으로는 그 다른 원리가 무엇인지 알 수 없어 안타까운 마음이 들지도 모른다. 하지만 미지의 영역으로 뛰어들 용기도 필요하다.

시공을 초월한 영역에 양자론을 적용할 수 있는지를 알아내는 것은 꽤 어려운 일이다. 시공간 안에 존재하는 대상에 대해서는 양자론이 매우 훌륭하게 들어맞지만, 시공간 자체에 양자론을 적용하려는 시도는 원만하게 작동하지 않으며, 아직도 해결되지 않은 채 계속 연구 중이다.

만약 시공간에는 양자론의 원리가 적용되지 않고, 양자론의 적용 범위를 넘어선다면, 현재 진행되는 연구의 연장선에서는 답을 구하지 못할 가능성도 있다. 이 경우 양자론을 넘어서는 이론은 어떤 모습일지, 지금의 우리로서는 알 도리가 없다. 물리학자들이 양자론이 등장하기 전에는 양자론이 어떤 모습일지 전혀 예상하지 못했던 것과 비슷하다.

양자론은 상식과는 너무나 동떨어져 있어, 실험적인 뒷받침이 없이 이론적인 추론에만 의지했다면 결코 완성되지 못했을 것이다. 올바른 양자론을 예상한 사람이 있었더라도 실험적인 근거가 없었다면, 이론 자체가 너무나 비상식적이어서 아무도 믿지 못했을 것이다. 실험 결과들이 쌓이고 난 뒤에도 아인슈타인은 끝까지 양자론에 반대했을 정도였으니까 말이다.

시공간에 양자론을 적용할 수 없어 완전히 새로운 원리가 필요할 때, 거기에 대해 무지한 우리로서는 그 원리가 어떤 모습일지 예상하기가 어렵다. 시공간을 벗어나지 않는 한 진실을 알 수가 없을지도 모른다. 하지만 현실적으로는 시공간을 벗어날 수 없으니, 실험적으로라도 시공간을 초월하는 방법을 언젠가는 찾을 수 있으면 좋겠다.

그렇지만 만일 양자론이 시공을 초월해서도 성립하는 보편적인 이론이라면, 현재의 이론적 연구의 연장선에서 답을 찾는 날이 올 수도 있다. 이 경우 현재의 이론에서 부족한 부분, 즉 중력을 양자화하는 이론(양자중력이론)만 완성되면 보편적인 이론이 되리라고 기대할 수 있다. 그 부족한 부분이 해소된 완전한 이론이 어떤 모습이 될지를 이리저리 예상해 보는 것도 무의미하지는 않을 것이다.

'무로부터의 우주 탄생론'이 바로 그런 것으로, 양자론의 원리가 시공을 초월해서도 성립한다는 전제에서 추론을 펼친다. 우주의 탄생이 우리가 알고 있는 양자론의 원리에 지배된다고 보는 것이다. 양자론에서는 현실과 비현실이 모호하다. 또 '무'는 우주를 낳는 모체이다. 따라서 '무'에서는 우주가 태어난 상태와 태어나지 않은 상태가 중첩돼 있다.

확률적인 예측에 의미는 있는가

양자론에서는 현실과 비현실 사이의 애매한 상태로부터, 관측자가 관측하는 순간 그 모호함이 사라지고 확실한 현실의 상태가 나타나게 된다는 건 제3장에서 이미 언급했다. 인간의 관측행위가 결정적인 역할을 맡는 것이다. 양자론의 이런 성질은 기묘하지만, 실험 결과를 설명하려면 없으면 안 되는 특성이다.

여기서 '관측을 하는 순간'이란, 어떤 의미에서는 신비한 것이다. 그 관측의 순간 어떤 일이 일어나는지에 대한 양자론의 '해석 문제'는 아직 학문적으로 결론이 나지 않은 채 논쟁이 계속되고 있다. 그렇지만 실험 결과를 설명하는 데는 이 '해석 문제'가 반드시 해결될 필요는 없다. 양자론은 어떤 조건 아래에서 실험했을 때, 어떤 결과가 얻어지는가를 예측하는 실천적인 이론일 뿐이기 때문이다. 현재로서는 인간의 관측행위가 자연계에서 어떤 의미를 가지는가에 대한 답을 양자론의 틀 안에서는 찾을 수가 없다.

양자론은 하나의 실험을 할 때 어떤 결과가 얻어질 가능성이 큰지 확률을 계산하는 도구이다. 양자론에서는 완전히 같은 조건에서 실험해도, 실험할 때마다 다른 결과가 나오는 것이 일반적이다. 자연계는 이처럼 우연에 좌우되고 있다는 것이 양자론의 본질이다.

양자론이 가진 이런 확률적인 특성은, 우주 전체에 양자론을 적용하고자 할 때는 곤란한 문제를 던진다. 일반적인 양자론과 같은 형태로 우주에 대한 양자론을 생각하고, 그것이 옳은지 그른지를 검증하려 해도, 우주를 상대로 실험할 수는 없기 때문이다. 실험실에서 하듯이 우주 자체를 자유자재로 탄생시키거나 종료시킬 수는 없다. 확률적인 예측이란 여러 번 실험을 한 뒤 그 결과를 비교할 수 있을 때 비로소 의미 있는 예측이 된다. 하지만 적어도 지금의 인류는 우주를 몇 번씩 되풀이해서 만드는, 조물주와 같은 능력이 없다.

우리가 관측할 수 있는 우주는 하나밖에 없다. 우리가 사는 이 우주가 존재하는 것은 확실하지만, 다른 우주도 존재하는지, 존재한다면 어떤 모습을 띠는지는 전혀 알 수 없다. 통상적인 양자론을 따라서 우주가 탄생할 확률을 구하려고 해도, 우주를 하나밖에 관측할 수 없다면, 그 확률에 어떤 의미가 있는 걸까.

우주를 현실화시킨 관측자는 누구인가

우주에 통상적인 양자론을 적용하면, 우주의 탄생 자체는 현실과 비현실 사이에 있는 확률적인 중첩 상태가 된다. 그리고 그것을 관측하는 순간, 실제의 현실 우주가 나타난다. 하지만 이것은 큰 문제를 던진다. 도대체 이 우주를 현실화시킨 관측자란 누구를 가리키는가?

바로 이 지점에서, 양자론이 한쪽으로 미뤄두었던 '해석 문제'가 양자우주론에서는 큰 장애물로 등장한다. 현실과 비현실 사이에 있는 양자적인 우주를, 우리가 사는 우주로 현실화시킨 관측자는 인간이어야만 할까. 그렇다면, 최초의 인류가 태어나기 전에는 우주는 현실적으로 존재하지 않았을까.

인류가 탄생하기 전부터 우주는 존재했고, 지구도 존재했다. 지구에는 인류가 나타나기 전에 공룡이 살았던 시기도 분명히 있었다. 화석을 비롯해 지구 곳곳에서 공룡이 살았다는 증거가 발견되기 때문이다. 그렇다면 인류가 나타나기 이전의 그런 모습이, 양자적으로 현실과 비현실 사이의 상태에 있던 우주라고 생각해야 하는가. 그건 너무나 이상한 생각이 아닐 수 없다. 또 최초의 인류가 이 우주를 현실화시켰다면 누구를 최초의 인류로 보아야 하냐는 문제도 있다. 인류는 연속적으로 진화해 왔기 때문에 지성을 가진 최초의 인간이 누구인지 특정할 수가 없다.

　우주를 현실화시킨 관측자는 인간이 아니라, 의식을 가진 동물이어도 괜찮다고 생각할지도 모른다. 하지만 의식을 가진 최초의 동물이 어떤 동물인지 특정하는 것 역시 불가능하다. 더구나 의식이란 무엇인가. 단세포 생물에게도 의식이 있다고 봐야 하나. 외부 세계의 자극에 반응하는 것이 의식이라면, 식물에도 그런 반응 작용이 존재한다. 이렇게 나가다 보면 모든 생명체가 우주를 현실화시키는 관측자의 후보가 될 수 있다.

　결국 이 우주에 최초의 생명체가 태어났을 때 우주가 현실이 되었다고 생각해야 할까. 하지만 생명과 비생명을 구별하기도 쉽지는 않다. 세균이나 바이러스가 관측자가 될 수 있는가. 혹은 단순한 유기체 덩어리도 가능한가? 유기체 덩어리도 관측자가 될 수 있다면 무기체라도 상관이 없을 것이다. 유기체와 무기체는 물질로서 보면 본질적인 차이가 없다. 탄소를 포함하는 단순하지 않은 화합물을 유기체로 분류하고 있을 뿐이다. 하지만 무기체가 관측자가 될 수 없다는 건 너무나 자명하다. 이런 식으로 생각하다 보면, 관측자란 누구를 가리키느냐는 것은 굉장히 애매한 문제라는 걸 깨닫게 된다.

양자론에서 관측의 문제

우주에 관측자가 출현함으로써 양자적으로 모호한 상태였던 우주가 현실의 우주로 나타나게 된다는 것은 이처럼 어려운 문제에 봉착하게 만든다. 관측자란 무엇인가라는 문제는 통상의 양자론에도 잠재돼 있지만, 실제로 양자론을 응용할 때는 겉으로 드러나지 않는다. 실험 결과를 예측할 때는 이 문제가 방해가 안 되도록 교묘하게 다뤄지기 때문이다. 하지만 관측 가능한 우주가 하나밖에 없는 양자우주론에서는, 관측자의 문제를 그냥 무시하고 지나칠 수가 없다.

또 양자론에서는 관측하는 행위가 양자상태를 현실화시킨다고 보지만, 여기서 관측행위 자체가 어느 시점을 가리키는지에 대해서 정설이 있는 것은 아니다. 관측한다는 행위는 실험 장치가 신호를 검출한 때로부터 그 정보가 인간의 뇌에 도달하기까지의 일련의 과정이기 때문에, 어떤 순간을 꼭 집어 관측행위라고 할 수가 없다. 그래서 어느 시점에서 양자적인 상태가 현실화하는가에 대해 여러 주장이 제기되고 있고, 그것이 양자론에서의 관측 문제의 본질이다.

양자론의 관측 문제는 아직 결론이 나지 않아, 양자우주론에서도 어느 시점에 양자적인 우주가 현실화하는가에 대해 여러 관점이 있을 수밖에 없다. 단지 양자론의 표준적인 해석은 관측자가 관측한 시점에서 양자적인 상태가 현실화한다고 보기 때문에, 그 해석을 따라 양자 우주가 현실화하는 것도 관측자의 출현 시점이라고 간주할 뿐이다. 그러나 앞에서 보았듯이 관측자의 출현 시점이란, 언제라고 딱 부러지게 결정지을 수 없는 모호한 개념이다.

6-2: 휠러의 '참가형 우주'

'모든 것은 비트에서 나온다'

여기서 미국 물리학자 존 휠러(John Archibald Wheeler)의 '관측자 참가형 우주'라는 개념을 소개해 보겠다. 1911년에 태어나 2008년에 세상을 떠난 휠러는 양자론과 상대성이론의 연구로 매우 유명하며, 블랙홀이라는 이름을 처음 만들어낸 것으로도 알려져 있다. 앞서 제3장에서 등장한 물리학자 리처드 파인만의 스승이기도 하다. 휠러는 양자론과 중력이론을 깊이 파고들어 양자중력이론을 개척한 인물이기도 하다. 제2장에서 다뤘던 '휠러-디윗 방정식'에도 그의 이름이 남아 있다. 이 방정식이 나중에 알렉산더 빌렌킨과 스티븐 호킹 등이 양자우주론을 전개할 때 기초가 된다는 사실은 이미 이야기한 바 있다.

휠러는 우주라는 물리적인 세계는 모두 '정보'가 만들어낸다고 주장했다. 그는 이것을 "모든 것은 비트에서 나온다(it from bit)"고 표현했다. 비트(bit)는 0이나 1만으로 나타낼 수 있는 최소한의 정보로서, 컴퓨터 내부에서는 기본 단위로 사용된다. 인간이 다루는 정보를 가능한 한 작게 분해해 보면 모두 0이나 1로 나타낼 수 있다. 이 0이나 1이라는 정보를 비트라고 부른다. 예를 들어, 당신이 남자인가 여자인가는 1비트 정보가 된다. 비트 하나는 최소의 정보밖에 갖지 않지만, 방대한 수의 비트를 조합하면 아무리 복잡한 정보도 비트로 표현할 수 있다.

수를 세는 방법 중에 2진법이 있는데, 이것이 바로 비트를 사용해 모든 숫자를 표현하는 방법이다. 1비트로는 0과 1이라는 두 가지 수를 구별할 수 있고, 2비트는 그것의 두 배 즉 4개의 수를 구별할 수 있다. 2진법으로 00, 01, 10, 11로 표기되는 수는 10진법으로는 각각 0, 1, 2, 3에 대응한다. 또 3비트를 사용하면 다시 그것의 2배, 즉 8개의 수를 구별할 수 있다. 2진법으로 100은 10진법으로 4이고, 101은 5, 111은 7이 되는 식이다. 이처럼 비트를 하나씩 늘릴 때마다, 다룰 수 있는 정보의 양은 2배씩 증가한다.

모든 물리적인 존재는 정보이론과 같다

요즘 많은 사람이 사용하는 스마트폰 안에도 컴퓨터가 들어있어, 모든 정보가 2진법으로 표현되는 숫자로 취급된다. 비트를 단위로 삼아 모든 작동이 이뤄지는 것이다. 음악이나 사진, 동영상 등 인간에게는 아날로그적으로 여겨지는 것들도, 방대한 수의 디지털 신호로 컴퓨터에 기록된다.

인간의 뇌에서 일어나는 정보처리도 디지털 신호로 환원할 수 있다. 인간의 사고는 복잡한 네트워크(망)를 가진 뇌의 신경세포에 전기적인 신호가 전달됨으로써 이루어진다. 전기신호는 전류가 흐르는 현상이므로 아날로그적이라고 여겨질지도 모른다. 그러나 세밀히 들여다보면 전류는 전자가 이동하는 현상이다. 따라서 전기신호에 들어있는 정보는, 본질상 전자가 몇 개 이동했는지를 나타내는 디지털 현상이다.

휠러에 따르면 방대한 수의 비트로 이루어진 정보가 이 세계의 존재를 만든다. 우리는 직관적으로 이 세계와 우주가 존재한다고 믿지만, 그러한 존재조차 깊이 파고들면 정보의 모임 그 이상은 아니라는 것이다. 휠러가 이런 생각에 이르게 된 데는 양자론에 대한 깊은 통찰이 깔려 있다. 이 책에서 반복해서 이야기해 왔듯이, 양자론은 이 세계를 바라보는 직관적인 상식에 커다란 의문을 던졌다. 이 세계의 '존재' 자체가 우리가 생각하듯 직관적이고 소박한 것이 아니라는 근거는 양자론 현상에서 일일이 열거할 수 없을 정도로 많이 확인된다. 그렇다고 해서, 존재란 진정 무엇인가라는 문제가 양자론에서 명쾌하게 밝혀진 것은 아니다.

휠러에 따르면, 물리적인 세계를 이루는 기본은 '존재'가 아니라, 인간이 커뮤니케이션의 도구로 사용하는 정보이다. 즉 정보가 모든 것을 만들어낸다. 또한 모든 정보는 비트로 환원시킬 수 있다. 이것이 "모든 것은 비트에서 나온다"는 말의 의미이다. 여기서 말하는 '모든 것'은, 말 그대로 우리가 이 세계에 존재한다고 여기는 것들을 전부 포함한다. 우리가 보고 듣고 만지는 것, 우주에 있는 모든 소립자, 소립자들 사이에 작용하는 힘, 나아가 이들을 감싸고 있는 시간과 공간도 포함한다. 이들은 직관적인 의미에서 존재하는 것이 아니라, 우리가 정보를 처리하는 과정에서 생겨난다는 것이다. 즉 모든 물리적인 존재는 정보이론으로 설명되어야 한다는 것이다.

이런 관점에 서면, 우주의 존재도, 그것을 관측하지 않으면 있을 수가 없다. 그래서 휠러는 이 우주를 '관측자 참가형 우주'라고 했다. 이 우주에 관측자가 참가함으로써만 비로소 우주 자체가 존재한다고 말할 수 있게 된다. 관측자가 참가하지 않는다면 우주의 존재도 없다. 휠러에 따르면, 우주의 존재 자체가 관측자가 행하는 정보처리 그 자체이기 때문이다.

불교에서 말하는 '무'와의 공통점

휠러의 참가형 우주를 단적으로 나타낸 것이, 그가 손수 그린 그림이다(그림5). 전체 그림은 세계를 뜻하는 유니버스(Universe)의 앞

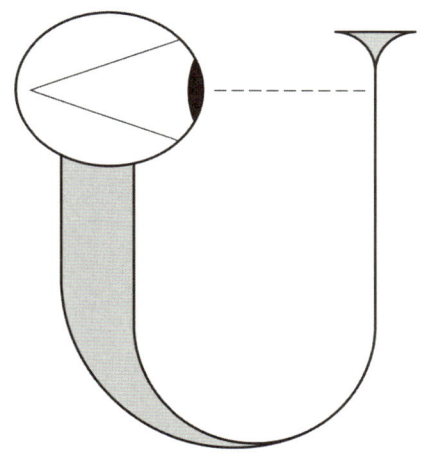

그림5 휠러의 '참가형 인간 원리'를 나타내는 그림. 우주(U)는 자기 자신을 관찰함으로써 존재할 수 있게 된다는 관점을 상징적으로 표현하고 있다. (*휠러가 직접 그린 그림을 토대로 구성한 것임)

글자인 U 모양을 하고 있다. 왼쪽에 그려진 눈은 우주 안에 있는 관측자이고, 그 시선이 우주 자체를 관측하고 있다. 이 관측행위 자체가 우주를 존재하도록 만들고 있고, 관측자 자신의 존재도 관측행위를 통해 보증받고 있다.

휠러의 참가형 우주가 불교에서 말하는 '무'와 공통점이 있다고 느끼는 것은 필자만이 아닐 것이다. 불교에는 『반야심경』이라는 짧은 경전이 있다. 거기에는 우리가 존재한다고 믿는 이 세상 만물의 본성은 '무(無)'이며, 우리가 생각하듯이 존재하지는 않는다고 기록돼 있다. 따라서 뭔가에 사로잡혀 거기에 집착해도 아무런 의미가 없다. 그런 정신론(유심론)이 불교의 가르침이다. 하지만 물리학의 목적은 정신론을 끌어내는 것이 아니다.

불교의 '무'에 대응하는 것이 휠러의 '정보'라고 할 수 있다. 이 세상 만물의 본성은 '정보'이고, 우주는 우리가 생각하듯이 존재하는 것이 아니다. 참가형 우주는 휠러가 제기한 하나의 가능성이지만, 그것이 옳은지 여부는 솔직히 필자도 알 수가 없다. 휠러 자신도 그것이 옳다는 걸 증명한 것은 아니다. 이 관점이 물리학 이론으로서 정식화돼 있는 것도 아니다. 상대성이론과 양자론을 오랫동안 숙고해 온 휠러가 그 탐구의 끝에 다다른, 세계를 보는 하나의 관점일 뿐이다.

우주의 시작과 끝에도 현재의 관측자가 관여한다

'참가형 우주'에서는 우주의 시작도 직관적으로 생각하는 것과 같은 모습이 아니다. 모든 존재는 관측자가 참가함으로써 만들어지기 때문에, 우주의 시작도 관측자의 참가에 좌우된다. 관측자는 현재의 우주를 존재하도록 만들 뿐 아니라, 시간상 멀리 떨어진 우주의 존재에도 관계한다. 따라서 우주의 시작만이 아니라 우주의 끝도 관측자가 관여하게 된다.

독자 여러분은 이런 이야기가 너무나 이상하다고 여길 것이다. 그것은 많은 과학자에게도 마찬가지다. 대개의 연구자는 우주의 존재에 관해 소박한 직관에 의존하는 관점을 선호하기 때문에, 휠러의 '참가형 우주'는 학계에서는 결코 주류가 아니다.

그런데 여기서 양자론의 의미를 누구도 제대로 이해하지 못한다는 점을 다시 한번 상기할 필요가 있다. 우주가 소박하게 존재한다는 관점이 양자론적인 우주에는 적용되지 않는다는 점은 많은 연구자가 알고 있다. 다만, 존재란 무엇인가와 같은 근원적인 문제를, 어떻게 물리학의 이론으로서 다뤄야 할지 모르는 것이다. 휠러의 주장은 양자론의 해석으로부터 나온 것이기 때문에, 양자론의 다른 해석들과 마찬가지로 그것을 진지하게 생각하는 순간, 당연히 상식을 뛰어넘는 관점으로 이끌리게 된다.

휠러의 주장이 옳은지 그른지와는 별개로, 단지 이상하다는 이유만으로 이 주장이 갖는 가능성을 아예 무시하는 것은 불합리하다. 하나의 가능성으로서 생각해 볼 가치는 충분히 있다고 본다.

만약 휠러의 '참가형 우주'가 옳다면, 우주의 시작이라는 문제에 대해서도 접근법을 바꿀 필요가 있다. 우리는 우주의 시작을 생각할 때, 우주 바깥에 있는 어떤 것이 우주의 시작에 관여했을 것이라는 전제에서 생각한다. 물리학에서는 어떤 현상도 시간을 거슬러 올라가면 원인이 발견되기 때문이다. 그러나 우주 자체의 존재가, 관측자가 정보를 처리한 결과로 나타나고, '모든 것이 비트에서 나온다'면 그런 전제는 성립하지 않는다. 우주가 시작될 필요도 없고, 단지 우주가 존재한다는 걸 우리가 확신할 수 있을 정도로 방대한 정보가 거기에 있으면 그것으로 충분하다.

휠러는 이처럼 우주의 존재가 정보로 귀결된다면, 우리가 물리법칙이라고 생각하는 것도 모두 정보이론으로 귀결되리라고 본다. 이런 관점을 따르면, 물리법칙도 실제로 존재하는 실체에 대한 법칙이 아니라, 인간이 정보를 처리한 결과로 나타나는 것이다. 우주의 모든 물리법칙이 인간을 존재하게 만드는 조건을 충족시키는 것은 당연하다. 정보를 처리하는 인간이 모든 것(만물)의 기본이기 때문이다. 즉 휠러의 참가형 우주에서는, 어떤 의미에서 우주를 이해할 수 있는 인간과 같은 생명체를 필요로 한다. 이것은 앞장에서 다뤘던 '인간원리'의 일종이기도 하다. 이런 형태의 인간원리를 '참가형 인간원리'라고 한다.

휠러의 관점에서는 우주를 관측하는 행위가 우주를 만들어내기 때문에, 인간과 같은 지적인 생명체가 태어나지 않는 우주는 처음부터 존재하지 않는 것이 된다. 어떤 지적 생명체에 의해 우주가 관측되지 않으면 우주 자체가 존재하지 않는다. 우주가 존재하려면, 지적인 생명체를 만들어내지 않으면 안 된다. 이런 가설에 입각하면, 이 우주가 왜 인간이 태어날 수 있는 조건을 기적적으로 충족시키고 있는지에 대한 미세조정 문제는 사라진다. [정보를 다룰 수 있는] 지성을 가진 생명체를 태어날 수 있게 하는 것만이 우주이기 때문이다.

6-3:
호킹의
톱-다운형 우주

우주의 역사를 결정하는 것

스티븐 호킹도 휠러와 같은 노선을 따르는 주장을 내놓았다. 제2장에서 설명했듯이, 호킹은 우주의 시작과 관련해 '무경계-경계조건'이라는 개념을 제시한 바 있다. 이 경계조건은 양자론에 기초하고 있어, 여러 양자상태가 중첩된 상태다.

호킹이 2006년에 벨기에 물리학자 토마스 헤르토흐(Thomas Hertog, 1975년~)와 공동으로 작성한 논문[3]에 따르면, 중첩된 양자

---

3) S.W.Hawking and T.Hertog (2006), Phys. Rev. D73, 123527.

상태로부터 지금의 우주가 선택돼 현실이 되게 만드는 것은, 현재 우주에서의 관측이다. 즉 현재의 우주에서 우리가 어떤 관측을 하는지가 우주의 역사(우주의 시작)를 결정짓는다. 현재 시점에서 우리가 하는 관측이, 여러 가지 가능성으로 겹쳐져 있는 우주의 (여러 가능한) 역사로부터 일거에 하나를 선택하게 된다는 말이다.

호킹은 이처럼 다수의 양자적인 중첩 상태 가운데 현재 시점에서 하나가 선택됨으로써 우주의 역사가 시작되는 것을 가리켜 '톱-다운(Top-down)형 우주'라고 불렀다. 현재의 관측행위로 우주의 역사가 결정되는 것이, 위로부터 아래로 명령이 전달되는 것과 닮았기 때문이라는 것이다.

이에 반해 기존에는 우주의 역사는 하나밖에 없다고 보았다. 시간의 흐름에 따라 원인이 결과가 되고, 그 결과가 다시 원인이 되어 다른 결과를 만드는 식으로 쌓여가는 것이 우주의 역사이다. 이런 관점은 '보텀-업(Bottom-up)형 우주'라 부를 수 있다.

톱-다운형 우주는 휠러의 참가형 우주와 완전히 같지는 않지만, 접근법은 비슷하다. 양자론에 따르면, 어떤 시점에서 행하는 관측행위가 그 이전의 물리적 상태를 현실화할 수 있다. 이 양자론의 특성을 그대로 우주에 적용하면, 이처럼 얼핏 기이해 보이는 관점이 생길 수 있다. 이것은 양자론이 가진 고유한 특성에서 보자면 어느 정도 자연스러운 흐름이다.

현재가 과거에 영향을 준다고?

현재의 관측행위가 과거의 우주에 영향을 미친다는 말을 들으면 깜짝 놀라는 독자들이 많을 것이다. 과거가 현재에 영향을 줄 수는 있어도, 현재가 과거에 영향을 주는 것은 상식적으로 있을 수 없기 때문이다. 인과관계가 뒤집히는 일이다. 그런 일이 가능하다면, 잘하면 (현재에서) 과거를 바꿀 수 있다고 생각할 수도 있다.

유감스럽게도 그런 일은 가능하지 않다. 아무리 양자론이라도 현재의 관측행위가 과거를 바꾸지는 못한다. 단지 현재의 관측을 통해, 이미 현실화한 지금의 우주와 아무런 모순이 없는 과거가 선택된다는 뜻이다. 과거의, 아직 현실화하지 않은 중첩 상태의 여러 가능성 중 하나가 현재의 관측으로 현실화한다는 뜻이지, 이미 일어난 과거의 사건을 마음대로 바꿀 수 있다는 이야기가 아니다. 양자론에서도 자유자재로 과거를 바꿀 수는 없으며, 바꿀 수 있는 것은 미래뿐이다. 이런 의미에서, 우리가 생각하는 통상적인 인과관계를 뒤집는 건 아니다.

톱-다운형 우주에서는, 우주가 어떻게 시작되었는가에 대한 답은 현재의 우리가 어떤 관측행위를 하느냐에 달렸다고 본다. 이 주장이 사실이라면, 우주의 시작은 어떠했나, 라는 단순한 질문을 추구하는 것만으로는 우주의 시작에 대한 답을 얻을 수가 없다.

우주의 시작이 어떠했는지가 일단 결정되면, 이후는 그 시작으로부터 인과관계에 의해 우주가 하나의 역사를 거치고, 지금의 우주도 그 역사의 결과라고 설명할 수 있다는 방식은 고전물리학의 관점이다. 고전물리학에서는 초기 조건이 결정되면, 이후의 상태가 완전히 결정되기 때문이다.

이런 고전물리학적인 사고는, 우주의 시작은 우주라는 역사의 초기 조건이므로, 우주의 시작이 확정되면 이후의 우주 전체의 움직임도 완전히 결정된다고 본다. 고전물리학에서는 초기 조건이 주어진 이후의 우주는 물리법칙에 따라 차례로 움직여가는 기계장치와 같다. 아마 우리가 우주의 시작에 특별한 흥미를 갖는 이유도 이런 고전적인 생각이 바탕에 깔렸기 때문일 것이다. 현재의 우주 전체는 사실상 고전물리학에 따라 이해되고 있다. 빅뱅원소합성 시대로부터 우리가 사는 시대의 우주에 이르기까지, 일반상대성이론이라는 [양자론과 대비되는] 고전물리학에 속하는 이론으로 일관성 있게 설명되고 있다.

그러나 빅뱅원소합성 시대 이전의 초기 우주는 이론적으로 추측만 할 수 있는 세계로서, 어떤 이론이 확실하게 기술할 수 있을지 아직도 결론이 나지 않았다. 어느 정도의 초기까지는 일반상대성이론이라는 고전물리학에 의해 근사적으로 기술할 수 있지만, 극한까지 시간을 거슬러 가면 그 영역에서는 양자론을 무시하고는 이해될 수 없다고 분명히 말할 수 있다.

거기서는 시공간 자체가 양자적인 존재가 되고, 시간과 공간의 질서가 혼돈(카오스)상태로 돼 있다. 양자중력이론이 완성돼 있지 않아, 시공간 자체의 양자적인 움직임이 어떤 것인지 아직은 명확히 알지 못한다. 하지만 '우주의 시작'에 근접한 우주가 양자론적인 중첩상태일 거라고 보는 건 자연스러워 보인다. 호킹의 주장은 바로 이런 관점과 연결된다.

양자론적인 중첩상태란

양자론적인 중첩 상태에서는, 관측이 행해질 때까지는 그런 중첩이 계속된다. 관측이란 뭔가를 측정하는 행위이고, 무엇을 측정하느냐는 인간이 자유롭게 결정할 수 있다. 측정을 통해 양자적인 중첩 상태들 가운데 어떤 하나가 선택돼 현실화하지만, 어떤 측정을 하느냐에 따라 중첩된 상태 중에서 어떤 것이 선택될지가 영향을 받는다. 그것은 현재의 관측으로 과거의 역사도 영향을 받는다는 뜻이다.

따라서 현재의 우주에 있는 우리가, 우주에 대해 어떤 관측을 하느냐에 따라, 양자적인 중첩 상태로부터 '우주의 시작'이라는 역사가 선택된다. 이것이 바로 호킹의 주장이다. 우주의 시작은 어떠했는가에 대한 답은, 우리가 우주에 대해서 어떤 측정을 하느냐에 달려 있다. 즉 우리가 앞으로 우주의 측정을 어떻게 하느냐에 따라, 우주의 시작에 대한 답도 달라질 수 있다.

현재의 측정행위가 과거에 영향을 준다는, 상식과는 정반대로 가는 이런 이상한 작용은 양자론에서는 잘 알려진 현상이며, 실험적으로도 확인되고 있다. 이것이 우주 전체에 대해서도 성립할 것이라고 호킹은 추측한다. 우주 전체를 양자론으로 다룰 수 있는가 아닌가는 지금도 결론이 나지 않았지만, 상식을 버리고 양자론을 있는 그대로 받아들이면, 이런 관점도 무작정 부정할 수만은 없다.

만일 호킹의 톱-다운형 우주가 옳다면, 우주의 시작은 우리에게 확정적인 사건이 아닌 것이 된다. 우주에서 일어나는 모든 사건의 원인인 '우주의 시작'이 [확정적이 아니라] 여러 가능성을 가진 양자적인 중첩 상태에 있는 것이다. 서로 중첩된 상태에서 양립하는 이 가능성 가운데서 어떤 것이 선택되느냐는, 앞으로 우리가 우주를 관측하는 방법에 따라 달라진다.

이런 주장이 옳다면, 우리가 아직 관측하지 않은 우주의 어떤 영역은, 그것의 과거도 포함해 아직 현실화가 되지 않았다. 이 때문에 현재의 우리는 원칙상 '우주의 시작'에 대해 확정적으로 말할 수가 없다.

우주는 단 하나의 역사를 걸어왔다는 고전적인 '보텀-업형 우주'를 믿는 사람에게는 이것은 악몽일지도 모른다. 그러나 우주의 모든 것(우주 전체)을 전부 관측하는 것은 우리에게는 도저히 불가능한 일이다. 그렇다면 우주의 시작에 대해 모두 확정적으로 현실화하는 것도 영원히 할 수 없다. 그러므로 결국 '우주의 시작'에는, 서로 모순되는 것처럼 보이는 다양한 가능성을 가진 중첩 상태밖에 없는 셈이다.

만약 양자론이 우주 전체에 대해 들어맞는다면, 이 같은 상황은 피하기 어려울 것이다. 관측행위와 물리적인 상태는 불가분 관계이므로, 우주의 시작을 직접 관측할 수 없는 한, 거기에 대해 확정적으로 말할 수는 없다. 우주의 시작을 확정할 수 있는 것이 우리의 관측행위라면, 우주의 시작에 대해 이런저런 추측을 그만두고, 어쨌든 우주를 가능한 한 계속 관측해 나가는 수밖에 없는지도 모른다.

6-4:
휠러와
다(多)세계 해석

이해하기 쉬운 것과 진실한 것은 다르다

휠러의 '참가형 우주'나 호킹의 '톱-다운형 우주'가 옳다면, 우주의 시작은 하나의 확정적인 사건으로 볼 수 없다고 했다. 물론 우주의 시작을 직접 관측할 수만 있다면, 우주의 시작이라는 사건의 범위를 크게 좁힐 수 있다. 하지만 관측이 불가능하다면 언제나 불확정적인 상태로 남게 된다.

이 우주가 무수히 많은 우주 가운데 하나일 뿐이라는 다중우주의 관점은 어떤 의미에서는 우리 인간이 이해하기가 쉽다. 하지만 이해하기 쉽다고 해서 반드시 진실하다는 이야기는 아니다. 둘은 서로 별개의 문제이다. 휠러나 호킹은 '참가형 우주'나 '톱-다운형 우주'를 주장하면서, 다중우주의 관점을 전적으로 밀어내지는 않았다.

휠러가 참가형 우주를 제안한 것은 비교적 그의 말년에 이르러서였다. 휠러도 그 이전에는 다른 관점을 가진 적이 있어서 다중우주를 열렬히 지지하기도 했다. 하지만 서서히 그런 견해로부터 멀어져 갔다.

혁신적인 주장

휠러의 제자였던 휴 에버렛(Hugh Everett, 1930~1982년)은 1957년 양자론의 '해석 문제'에 대해 혁신적인 주장을 내놓았다. 그것은 이후 '양자론의 다(多)세계 해석'이라는 이름으로 불리게 된다. 제3장에서 설명했듯이 양자론은 확률적인 예측밖에 할 수 없고, 이 확률이 도대체 어떤 의미인가를 놓고 양자론의 '해석 문제'로 이어졌다. 이에 대해 휴 에버렛은 관측자가 관측할 때 확률적으로 나타나는 다양한 가능성은, 실제로 모두 실현되고 있다고 보았다.

양자론에 따르면, 일단 관측행위를 하면 여러 가지 (중첩된) 가능성 중에서 하나만이 선택된다. 에버렛은 이것은 인간이 하나의 세계밖에 인식할 수 없기 때문이라고 주장했다. 같은 관측자가 다른 관측 결과를 얻을 수 있는 세계가 무수히 많고, 그 경우 관측자는 [관측 결과를 얻은] 다른 세계에 사는 것처럼 된다. 관측자가 관측할 때마다 세계가 분열해 간다고 생각할 수 있다. 하지만 관측자의 의식은 그와 같은 분열을 느낄 수가 없다. 이 때문에 어떤 시점에서 관측자가 과거를 돌아보면, 하나의 세계밖에 인식할 수가 없는 것이다.

이런 세계관은 너무나 기이하며, 어떤 의미에서는 양자론이 가진 기묘함을 무시한다고도 볼 수 있다. 그전까지의 양자론은 현실과 비현실이 중첩된 애매한 상태라는, 의미를 알 수 없는 것이 나타난다고 보았다. 하지만 다세계 해석은 그런 애매한 상태는 모두 실재한다고 본다. 애매한 상태가 다수의 확정적인 상태로 바뀌는 것이다.

휠러는 애초에는 에버렛의 주장을 지지했다. 에버렛은 이 혁신적인 견해를 휠러의 지도로 논문으로 정리해 박사 학위를 받았다. 휠러는 에버렛의 논문이 학술지에 발표되었을 때, 그것을 지지하는 해설 기사를 같은 호에 나란히 싣기까지 했다. 하지만 휠러는 이후에 다세계 해석을 버렸다. 관측할 수 없는 무수한 세계를 생각하는 것에서 특별한 의미를 발견하지 못한 것 같았다. 대신 비트(bit)가 만물을 만들어낸다는 '관측자 참가형 우주'로 나아갔다.

다중우주론은 양자론의 기묘함을 무시하면서 대신 관측할 수 없는 다른 우주가 무수히 나타난다고 본다. 바로 이 점이 다세계 해석을 둘러싼 논쟁의 표적이 돼왔다. 앞장에서 이야기했듯이, 소립자론이나 우주론에서도 다중우주라는 관점이 자주 등장하지만, 관측이 불가능한 다른 우주가 '존재하고 있다'고 단언해도 좋은지는 아직 분명치 않다.

다중우주를 고려하면 양자론이 가진 기묘한 부분이 모두 해결되는 듯이 여겨지기 때문에 이것을 열렬히 주장하는 사람도 적지 않다. 그러나 다중우주가 실제로 존재한다는 걸 보여주려면, 실제로 그것을 관측하거나 실험을 통해 실증할 필요가 있다. 현재로서는 그것이 가능하지 않기 때문에, 다중우주론이 옳은지 그른지는 앞으로도 계속 논쟁거리로 남을 것이다.

6-5:
우주관(宇宙觀)은 돌고 돈다

현대물리학의 영원한 테마

여기까지 읽어온 독자들은 우주의 시작이라는 수수께끼가, 우주의 존재라는 수수께끼와 떼려야 뗄 수 없는 관계에 있다는 점을 눈치챘을 것이다. 이 우주가, 우리가 직관적으로 보듯이 소박한 방식으로 존재하고 있으리라는 생각은, 현대물리학의 발전으로 완전히 뒤집어졌다. 우주의 시작은 일상적인 일들에서의 시작과는 같은 수준에 놓고 이야기할 수가 없다.

예를 들어, 지구의 시작이라는 수수께끼를 알고 싶다면 명확한 답을 얻을 수가 있다. 세세한 부분에서는 아직 해명되지 못한 면도 있지만, 기본적으로는 우주에 떠다니고 있던 물질들이 모여들어 지구라는 행성이 만들어졌다.

하지만 우주의 시작이라는 문제는 이처럼 간단히 생각할 수가 없다. 우주는 어떤 다른 물질들이 모여서 형성되기 시작한 것이 아니다. 우주의 시작은, 시간과 공간을 포함해 세상의 모든 존재가 시작된다는 것을 뜻한다. 만약 우주가 뭔가 다른 것들이 변화해서 만들어졌다면, 그것은 참된 의미의 시작이 아니다. 이 우주를 존재하게 만든 원인을 분명히 하지 않으면, 우주의 시작이라는 불가사의를 푸는 것은 영원히 불가능하다. 이 우주가 전체적으로 어떤 존재인가를 밝히는 것은 현대물리학의 영원한 주제다. 그것은 말하자면 이 세상 만물의 수수께끼가 다다르는 종착역이다.

고전물리학에 기초한 우주관은 단순했다. 우주 만물은 물리법칙에 따라 분명하게 기술될 수 있으며, 충분한 정보만 있으면 미래의 상태는 과거의 상태로부터 결정되며 또한 완벽하게 예측할 수 있다. 따라서 우주가 시작되는 시점에서 우주가 어떤 상태에 있었는지를 알면, 즉 우주의 초기 조건을 알면 이후의 우주의 움직임은 모두 결정된다고 보았다.

실제로 20세기 초까지는 이런 우주관이 물리학자들 사이에 널리 퍼져 있었다. 당시에는 고전물리학으로 우주의 모든 것을 설명할 수 있다고 믿었다. 고전론에 기초한 우주관은, 물리법칙과 초기 조건을 분명히 아는 것이 이 우주를 이해하는 열쇠라고 여겼다.

이러한 고전적인 우주관은 직관적이어서 우리가 받아들이기가 쉽다. 원래 고전론 자체가 인간의 직관에 토대를 두고 만들어졌다. 그러나 인간의 경험이 미치지 못하는 미시세계를 조사해 보니, 고전론으로는 도저히 이해할 수 없는 현상이 나타났고, 결국 양자론이 탄생하게 되었다. 그 결과 인간의 소박한 직관으로는 알 수 없는 세계관을 받아들이지 않을 수 없게 되었다.

물리학은 이처럼, 기존의 이론으로는 현실에서 일어나는 현상을 제대로 설명할 수 없게 되었을 때 커다란 진전이 일어난다. 우주의 시작, 그리고 우주라는 존재 자체의 불가사의를 해명하려고 할 때도, 우리가 현재 가지고 있는 이론으로는 확실히 미진하고 부족하다. 이것을 타개하려면 고전론이 양자론으로 비약했던 것처럼, 어떤 혁명적인 관점의 전환이 필요해 보인다. 적어도 고전적인 우주관으로는 이 문제를 해결할 수 없다는 건 분명하다. 대신 양자론이 큰 역할을 하리라고 여겨지지만, 양자론 이상의 뭔가가 더해져야만 할 것으로 보인다.

소립자론의 궁극적인 꿈

우주가 어떻게 존재하는지에 대한 문제는, 물리학자들 사이에서도 견해가 일치하지 않는다. 현재로서는 다양한 관점들이 등장했다가 사라지는 현상이 반복되고 있다. 그런 다양한 견해에는 '세계는 이런 식으로 존재해야만 한다'고 믿는 물리학자 개인의 취향도 반영된 것으로 보인다.

전통적으로 소립자 연구 분야에서는 우주에 존재하는 모든 소립자와 그들 사이에 작용하는 힘을 해명하는 것이야말로 우주를 해명할 수 있는 열쇠라고 믿었다. 1980년대에 소립자 표준이론이 확립됨으로써, 실험적으로 드러난 소립자 현상을 거의 대부분 이론적으로 설명할 수 있었다. 이 표준이론에는 중력이 포함돼 있지 않은 등 이론적으로 몇 가지 불만족스러운 부분이 있었지만, 그것도 언젠가는 해결할 수 있으리라 믿고서 연구가 진행되었다.

제5장에서 이야기했듯이, 끈이론은 이와 같은 소립자 연구의 흐름 속에서 나타났다. 그때까지 점(點)이라고 보았던 소립자를 끈 모양으로 펼쳐진 물질로 봄으로써, 끈이론에는 중력이라고 추정되는 힘이 포함돼 있다는 사실이 밝혀졌다. 이것을 계기로 끈이론은 우주의 모든 힘을 통일하는 '만물의 이론'이 될 수 있으리라는 기대가 높아졌고, 소립자론 연구자들 사이에서 유행이 되다시피 했다.

끈이론 연구가 기대대로 진행된다면, 중력을 포함한 모든 힘을 양자론의 틀로써 이해할 수 있게 될 것이다. 중력은 시공간의 성질과 직결돼 있으므로, 만약 시공간이 양자적으로 태어난다면, 끈이론으로 기술할 수 있게 될 것이다. 이렇게 되면 우주의 시작이라는 문제도 해결될 수 있으리라고 보는 것이다.

또, 현재 소립자 표준이론으로는 명확히 설명하지 못하는 문제도 해결할 수 있지 않을까 기대하고 있다. 소립자가 여러 가지 질량을 갖는 이유에 대해 표준이론은 아직 아무런 답을 내놓지 못하고 있다. 이 때문에 지금은 각각의 소립자마다 관측값을 대입해야 한다. 이것은 이론적으로 불만족스러운 상황이다. 이것을 뭔가 보편적인 원리로부터 끌어낼 수만 있다면 엄청난 일이 될 것이다. 끈이론이 정말로 '만물의 이론'이라면, 그런 기대를 충족시키게 될 것이다. 이처럼 자연계의 모든 성질을 하나의 이론으로부터 유도해 내려고 하는 것이 소립자론의 궁극적인 꿈이다.

끈이론이 중력을 포함하는 완전한 이론이고, 소립자의 성질을 모두 끌어낼 수 있는 이론인지는 지금으로서는 전혀 알 수가 없다. 실제로 끈이론이 그런 일을 해낸다면 엄청난 발견이 되겠지만, 그런 낙관적인 견해에 의문을 나타내는 물리학자들이 있는 것도 사실이다. 끈이론 연구자들 사이에서도 끈이론이 완전한 '만물의 이론'이 될 것이라는 기대가, 한창때만큼은 높지 않은 것 같다.

참된 우주의 모습을 놓칠 위험성

유명한 우주물리학자인 조지 에프스타슈(George Efstathiou, 1955년~)는 하나의 이론으로부터 우주의 모든 성질을 끌어내려는 물리학자들을 '마초 물리학자'라고 불렀다.[4] 마초 물리학자는 '인간원리'를 받아들이지 않는다. 그들은 우주의 성질은 하나의 원리로부터, 어떤 임의적인 것도 없이, 완전히 결정되어야 한다고 본다. 언젠가 만물의 이론이 완성되는 날, 우리가 사는 이 우주가, 우주가 택할 수 있는 유일한 형태이고, 그 밖의 우주는 존재할 수 없다는 사실이 수학적으로 밝혀지리라고 믿는다. 에프스타슈는 이런 주장을 신학적인 사고라고 간주하면서, 이에 반대한다. 인간원리를 전혀 받아들이지 않는 마초 물리학자는 매우 종교적인 인간이라는 것이다. 최근에는 끈이론 연구자 중에도 인간원리를 도입해야 한다고 주장하는 이들이 나타나고 있다. 왜냐하면 끈이론이 유일한 우주를 끌어내기는커녕, 무수하다고 할 수 있을 정도의 다양한 우주를 끌어내는 듯이

---

4) ABC Science Show, 18 February 2006
http://www.abc.net.au/radionational/programs/scienceshow/the-anthropic-universe/3302686

보이기 때문이다.

우리가 사는 우주는 무수히 많은 우주 가운데 하나에 불과한 것일까. 우주는 인간이 살아갈 수 있도록 미세조정돼 있다는 기묘한 사실은, 다중우주론과 인간원리에 의지하면 손쉽게 설명된다. 하지만 이런 손쉬운 해결법은 뭔가 '도피'하는 모습으로 보인다는 비판도 있다.

다중우주론과 인간원리에 의해 이 세계의 성질을 설명하는 경우에도, 왜 이 세계가 이처럼 존재하는지에 대한 의문에 답을 준다고는 할 수 없다. 모든 것이 우연의 산물이라는 것인데, 그렇게 해서는 과학의 이론이 되기에 부족하다. 아무런 예측 능력이 없기 때문이다. 현재까지 다중우주론은 어떤 유익한 과학적인 예측으로 이어지지 못하고 있다.

다중우주라는 가설이 과학적인 이론이 되기 위해서는 실제로 다른 우주가 존재한다는 사실을 실증적으로 보이든지, 그 가설에 기초해 과학적으로 유익한 예측을 보여주어야 한다. 이런 실증과 예측이 없이 다중우주라는 개념을 남용하는 것은 그야말로 손쉬운 길로 도피하는 것일 수 있다. 뭐든지 다중우주로 설명해버리게 되면, 참된 우주의 모습을 놓치게 될 위험성이 있다.

다중우주라는 개념이 근래에 자주 거론되고 있지만, 그것이 참된 우주의 모습인지 아닌지는 아직 확언할 수가 없다. 다중우주가 존재한다는 관점에 의지하면, 우주의 미세조정 문제가 쉽게 이해될 수 있는 것은 사실이다. 하지만 과연 우주가 그처럼 단순한 관점으로 이해될 수 있는 존재일까.

6-6:
정보와 우주

사물의 존재 여부는 부차적인 문제

휠러가 양자론의 다세계 해석에 대한 열렬한 지지자였다가 결국에는 지지를 철회하고, 비트가 모든 것을 만들어낸다고 주장한 사실을 떠올려보자. 이론물리학의 최전선에서 다중우주라는 관점이 다시 유행할 조짐을 보이는 지금, 휠러의 사고에서 배울 점이 있을지도 모른다.

휠러의 기본적인 관점은, 이 우주에서 일어나는 현상은 정보가 전부이며, 사물이 존재하느냐 하지 않느냐는 부차적인 것에 불과하다는 것이다. 따라서 다중우주가 존재하느냐 아니냐를 따지는 것은 본질적인 문제가 아니다. 본질적인 문제는 우리가 우주를 관찰할 때 어떤 결과를 얻느냐에 있지, 그것이 존재하느냐 아니냐는 논쟁을 해도 아무런 의미가 없다는 것이다.

정보사회에서 살아가는 오늘날의 우리에게는 정보가 모든 것이라는 주장이 과거만큼 받아들이기 어려운 문제가 아닐 수 있다. 지금은 업무를 할 때 컴퓨터가 필수이고, 스마트폰이 없으면 일상을 꾸려가기가 힘들 정도다. 지하철이나 버스를 타보면 대부분이 스마트폰으로 시간을 보내며, 여기에는 남녀노소의 구분이 없다. 편리하고 유용한 다채로운 앱들이 등장하면서 스마트폰을 사용하는 시간도 점점 늘고 있다.

컴퓨터나 스마트폰은 정보를 빛이나 소리로 바꿔 우리의 뇌로 보내는 장치다. 컴퓨터나 스마트폰에서 정보를 전달한다는 기능을 뺏는다면, 단지 거추장스러운 작은 상자에 지나지 않을 것이다. 정보라는 것이 얼마나 큰 의미를 갖는지는 이런 예만 봐도 잘 알 수 있다.

폴더도 휴지통도 실제로 존재하지는 않는다

정보는 실체를 동반하지는 않는다. 컴퓨터나 스마트폰 화면에 나타나는 정보는 빛의 패턴일 뿐이다. 화면의 아이콘을 클릭하거나 터치해 앱이 작동하지만, 아이콘은 실체가 아니다. 그런데도 우리는 마치 현실에 존재하는 버튼을 누르듯이 이미지에 불과한 아이콘을 클릭하거나 터치한다.

컴퓨터에는 폴더라는 편리한 기능이 있어 많은 사람이 사용한다. 전자서류에 적절한 이름을 붙여 폴더에 정리하면 편리하기 때문이다. 하지만 컴퓨터의 폴더도, 현실의 서류함 같은 실체는 아니다. 컴퓨터에 담긴 정보들은 모두 0과 1의 조합으로 표현되는 정보일 뿐, 그 이상도 이하도 아니다. 이런 정보들의 조합을 통해 화면에 나타나고 있을 뿐이다. 그러나 우리는 마치 그것들이 실재하는 것처럼 사용한다.

컴퓨터나 스마트폰을 이용하면, 지금 눈앞에 보이는 것이 화면상으로 나타나는 겉보기에 불과하다는 것을 알면서도, 마치 그것이 거기에 존재하고 있는 듯이 사용하고 있는 자신을 문득 깨닫게 될 때가 있다. '이 서류를 이 폴더에서 저 폴더로 옮기고, 오래된 서류를 휴지통에 버리고…' 등으로 종이 서류를 정리하듯이 작업을 한다. 하지만 그것들은 컴퓨터 화면에 나타나는 겉보기일 뿐 실제로는 폴더도 휴지통도 존재하지 않는다.

아직은 컴퓨터나 스마트폰 화면에서 조작하기 때문에, 그것을 현실의 폴더나 휴지통과 혼동할 가능성은 거의 없다. 하지만 앞으로는 컴퓨터나 스마트폰 출력을 인간의 뇌로 직접 보내는 기술이 나올 수 있다. 그러면 실제로 존재하지 않는 물체를 눈앞에 존재하는 것처럼 속이는 것도 가능할 것이다.

가상의 세계를 만들어내고 그것을 인간이 느끼는 감각처럼 뇌로 보내면, 현실 세계와 구별하기가 힘들어질 것이다. 지금도 컴퓨터로 만든 영상은 현실 세계와 구별하기가 힘들 정도로 기술이 발달해 있다. 생리학적으로 해결해야 할 문제가 남아 있을지 모르지만, 인간의 감각을 정확히 시뮬레이션한 가상 현실을 만들어내고 그것을 뇌가 진짜 세계로 받아들이도록 만드는 건 불가능하지 않을 것이다.

이 세계는 정말 실재하는가

1999년에 공개돼 세계적으로 히트한 영화 <매트릭스>는 바로 이와 같은 가상 현실을 주제로 삼았다. 이 영화를 보고, 지금 우리가 사는 이 세계가 가상 현실이 아니라는 건 어떻게 보장되는가, 라는 의문을 품은 이들도 많을 것이다.

이런 점들을 생각하다 보면, 우리가 현실이라고 믿는 세계도, 어떤 의미에서는 가상 현실일 수도 있다는 가능성에 이르게 된다. 컴퓨터에 의해서 자의적으로 만들어진 가상 현실이 인간이 느끼는 현실과 구별될 수 없다면, 이 세계라는 존재는 도대체 무엇일까, 라는 의문은 더 깊어지게 된다. 게다가 자연계는 인간이 직관적으로 믿고 있는 것과 같은 존재가 아니라는 건 이미 양자론을 통해 분명해지지 않았는가.

현실의 세계가 존재한다고 믿는 것은 인간의 뇌가 작동한 결과일 뿐이고, 그렇게 존재한다고 믿고 있을 뿐일지도 모른다. 우리가 현실이라고 믿는 세계는 우리가 이해할 수 있는 정보가 축적된 것일 뿐, 그 이상의 존재가 아닐지도 모른다. 휠러가 지적한 것처럼 비트가 모든 것을 만들어내는 것이 자연계의 진실일까.

만약 휠러의 주장이 옳다면, 이 세계가 실제로 존재한다는 전제 위에 세워진 관점과 이론들은 근본적으로 바뀌지 않으면 안 된다. 우주에는 현실도 비현실도 없고, 단지 정보가 모든 것이 된다. 우리가 존재한다고 믿는 우주는 이런 정보들 속에 삽입된 가상적인 존재일지도 모르는 것이다.

다중우주와 정보우주, 어느쪽이 옳을까

이것은 무수히 많은 우주가 존재한다는 다중우주설과는 정반대되는 개념이다. 다중우주설은 존재할 가능성이 있는 우주가 무수하게 있다는, 아주 대담한 가설이다. 이 가설을 따르면, 인간이 태어날 수 있는, 기적적일 만큼 작은 확률을 가진 우주가 존재할 수 있게 된다.

그렇지만 정보가 모든 것이고, 겉으로 보이는 우주의 모습은 가상 현실과 같은 것이라면, 인간이 태어날 수 있는 우주가 존재할 확률 따위는 생각할 필요도 없다. 우주 자체가 인간이 생각하는 것처럼 소박한 의미에서 존재하는 게 아니기 때문이다. 다중우주와 정보우주 둘 중에서 어느 쪽이 옳을까. 혹은 둘 다 틀렸고 훨씬 깊은 진실이 어딘가에 숨겨져 있는 것일까. 현재로서는 뭐라고 단정을 짓기가 어렵다.

여태까지의 전통적인 물리학은 존재하는 것이 분명하다고 여겨지는 사물만을 연구대상으로 삼아왔다. 그런 대상을 실험과 관찰을 통해 물리적으로 측정하면 어떤 값을 얻을 수 있게 된다. 그런 측정 결과를 어떤 이론을 통해 설명할 수 있고, 그 이론을 통해 앞으로 행해질 실험 결과를 예측할 수 있으면, 그 이론은 옳은 것으로 인정받게 된다.

하지만 우주의 시작이나, 우주의 존재 자체는 이런 전통적인 물리학이 다루는 범위를 크게 벗어나 있다. 따라서 현재로서는 실험이나 관측의 뒷받침을 받지 못한 채, 이론적인 추측만으로 진행해 갈 수밖에 없다. 언젠가 우주를 자유자재로 만들 수 있다면 이야기가 달라지겠지만, 그것은 무지하게 어려운 일이라고 하지 않을 수 없다. 차선책으로는 다중우주가 있는지 없는지를 판정할 수 있는 실험이나 관측 방법이 개발되면 좋을 것이다. 그런 일은 가능하지 않다고 단정할 필요는 없다. 언젠가는 그런 일이 일어나기를 기대해 본다.

6-7:
플랑크톤이
매우 똑똑하다면.

비유로서 떠올려 본 이야기

우리 인간은 우주의 진실에 어디까지 다가간 것일까. 지금 우리 인간이 알고 있는 지식은 우주 전체로 볼 때 어느 정도나 될까. 물론 우리가 가진 지식의 범위 안에서는 그것을 알아낼 도리가 없다. 그래서 비유를 들어 생각해보고자 한다. 만약 대양에 사는 플랑크톤이 대단히 똑똑하다면, 그들은 세계에 대해 어디까지 이해하고 있을까.

대양의 한가운데서, 바닷속을 부유하며 생활하는 플랑크톤 무리를 떠올리자. 이 플랑크톤은 매우 현명해서 플랑크톤 사회를 만들었다. 그들은 대양의 한가운데서 살기 때문에 주위에는 바닷물밖에 없다. 그들에게 우주란, 바닷물로 가득한 세계이다. 처음에는 그것이 그들이 아는 세계의 전부였다.

그들은 매우 영리하고 현명해서, 플랑크톤 사회에는 과학이 발전했다. 이들에게는 우주를 이해한다는 것은 바닷물로 가득한 세계를 이해하는 것과 같다. 그들에게 우주는 어떻게 이루어져 있냐고 물으면, 95% 이상의 수분과 몇 %의 염분으로 이루어져 있다고 대답할 것이다.

그들은 바닷물이란 무엇인지를 연구하기 시작한다. 그 결과, 물 분자의 존재를 발견하게 된다. 나아가 바닷물에 포함된 염분과 미량의 다양한 물질들을 분석함으로써, 그것들이 원소로 이루어져 있다는 걸 알고, 마침내 원소의 주기율표까지 작성한다. 더 나아가 원소가 원자로 구성된 것도 알고, 양자론의 원리까지 발견한다.

물 분자는 매우 특이한 성질을 갖고 있고, 그것은 생명을 유지하는데 불가결하다는 점도 파악한다. 물 분자가 그런 성질을 갖게 된 것은 소립자들 사이에 작용하는 힘의 크기가 꼭 알맞게 돼 있기 때문이다. 그래서 어쩌면 그들도 자연계의 미세조정 문제에 생각이 미치게 될 것이다. 우주는 플랑크톤이 살아가기에 더할 수 없이 적절한 조건으로 돼 있다고 느끼는 것이다.

이런 사실을 눈치채면, '인간원리'가 아니라 '플랑크톤 원리'로 이것을 설명하려는 플랑크톤이 나타날 것이다. "우주는 플랑크톤이 태어나도록 하기 위해서 존재한다"라는 과격한 주장을 펼치는 플랑크톤도 나올 것이다. 그러면 다른 플랑크톤은 "아니야, 수많은 우주가 존재하며, 우리는 단지 우연히, 플랑크톤이 태어난 우주에 살고 있을 뿐이야"라고 반박할 것이다.

인식의 한계

한편, 플랑크톤은 바닷물로 가득 찬 우주가 전체로서는 어떤 모습을 하고 있을까, 라는 연구를 진행한다. 플랑크톤은 망원경을 발명해 자기 주변보다 멀리 떨어진 곳까지 볼 수 있게 되었다. 하지만 바다는 너무나 광활해서, 웬만큼 먼 곳까지는 자기 주변의 세계가 계속 이어져 펼쳐져 있는 것처럼 보인다.

기술의 발달로 이제 더 먼 곳의 우주를 관찰할 수 있게 되자, 우주에는 상하 방향으로 끝이 있다는 것을 알게 된다. 위쪽의 끝은 해수면이고 아래쪽 끝은 해저이다. 이 발견을 한 플랑크톤은 플랑크톤 세계에서의 노벨상을 받을 정도로 모두의 칭찬을 받을 것이다.

나아가 전파와 빛, 음파 등을 이용해 다양한 종류의 망원경을 구사할 수 있게 되면서 해수면이나 해저의 모습을 보다 자세하게 조사하는 데도 성공한다. 플랑크톤은 몸집이 너무나 작아서 해수면이나 해저까지 가서 실제의 모습을 조사해 볼 수는 없다. 그래서 망원경을 통해 얻은 정보들을 토대로 우주의 끝이 어떻게 돼 있는지를 추측할 수 있는 이론을 만들게 된다.

플랑크톤들은 우주에 대해 어디까지 이해할 수 있게 될까. 충분히 멀리 관측할 수 있다면 바다에는 가로(좌우) 방향으로 끝이 있고, 그 너머는 바다로 계속 이어져 있지 않다는 걸 발견할 수 있을 것이다. 그 너머에 있는 육지라는 곳은 어떤 곳인지를 이해하기는 쉽지 않겠지만, 지진파 등을 분석해 마침내 지구라는 구체의 존재를 알아낼 수도 있다.

그렇다면 과연, 바다에서 벗어날 수 없는 플랑크톤은 지구를 에워싸고 있는 우주 공간의 존재까지도 이해하게 될까. 그들의 지성이 충분히 뛰어나고, 과학기술이 충분히 발달해 있다면, 해수 흐름의 미묘한 변화로부터 조석력[潮汐力, 썰물과 밀물 현상을 일으키는 힘으로, 지구에서는 태양과 달의 인력 때문에 일어난다. 달의 인력이 미치는 힘이 태양보다 2배 크다]을 알아내고, 이로써 달이 존재한다는 사실을 알아낼 수도 있다. 또 태양과 태양계의 존재로 인식의 지평을 넓힐 수도 있다.

그러나 플랑크톤이 직접 볼 수 없는 우주 공간의 존재를 깨닫는 건 굉장히 어려우리라는 건 쉽게 상상할 수 있다. 바다를 벗어나지 못한 채 그 안에서만 얻는 정보에는 한계가 있을 수밖에 없기 때문이다. 플랑크톤이 우주 공간의 존재까지 알아채기 위해서는 그들 주변에서 일어나는 어떤 미세한 효과도 놓쳐서는 안 된다. 자기 주변의 우주를 가능한 한 대단히 정밀하게 측정하는 것이 본질상 중요하다.

상상할 수도 없는 세계가 펼쳐져 있을지 모른다

우리 인간이 우주의 전체 모습을 상상하는 것도, 기본적으로는 플랑크톤이 자신들의 우주, 즉 바다에 대해서 이해하려고 하는 것과 크게 다르지 않을 것이다. 단지 스케일의 차이가 있을 뿐이다. 우리가 우주라고 부르는 것은, 우리가 사는 주변의 공간이 연속적으로 계속 이어져 있는 공간이다. 우리가 관측할 수 있는 우주에는 한계가 있고, 또 유한한 과거로부터 시작된 것이다. 이것은 플랑크톤의 우주인 바다에 한계가 있는 것과 비슷하다.

우리가 사는 우주 바깥에 무엇이 있는지 아는 것은, 플랑크톤이 바다 바깥을 아는 것보다 훨씬 더 어렵다. 플랑크톤은 어떤 방법으로든 바다의 바깥으로부터 정보를 얻을 수 있지만, 우주에는 호라이즌(horizon)이라는 범위가 있고, 그 너머에서 오는 정보는 원칙상 얻을 수가 없기 때문이다.

우리가 관측할 수 있는 우주의 바깥에는, 플랑크톤이 사는 우주인 바다의 끝이 육지로 변해 이어지듯이, 우리 주변의 공간과는 완전히 다른, 전혀 상상할 수 없는 세계가 펼쳐져 있을지도 모른다. 인플레이션 이론에서도 우주가 균일한 것은 우리가 관측할 수 있는 공간에만 한정될 뿐, 그것을 크게 넘어서는 영역은 극히 혼돈된 상태일 것으로 본다. 게다가 우리가 사는 우주는 양자적인 요동에 기원을 두고 있어, 직관적인 의미에서 소박한 형태로 존재한다고 말할 수도 없다. 존재와 비존재가 중첩된 애매한 상태일 가능성도 있다.

우리는 무엇을 알고 있는 것일까

그러나 이론적으로 아무리 추측해 보아도, 실제로 관측할 수 없는 영역에 대해서 분명하게 말하기는 어렵다. 아무리 똑똑한 플랑크톤이 지구에 관한 이론을 만든다고 해도, 바닷속이라는 한정된 공간에서 얻은 정보만으로는 그 이론이 옳다고 확신하기가 어려운 것과 같다. 게다가 플랑크톤은 세계의 '시작'에 대해서 어떻게 생각할까. 처음에는, 바다는 영원히 존재한다고 생각할 것이다. 바다라는 우주에는 시작도 없고 끝도 없는, 바다 전체가 조용히 그렇게 존재하는 것처럼 보일 것이다. 플랑크톤의 '정지우주론'이라고 할 수 있다.

하지만 바닷물도 움직이고 서서히 변한다는 사실을 알게 되면, 아무런 변화가 없이 영원히 존재하는 것은 아니라는 사실을 이해하게 될 것이다. 바닷물은 표면에서 증발하고, 또 강에서 바다로 물이 흘러들어온다는 점을 깨닫는 것이다. 그러면, 물은 바다를 중심으로 [바다 표면에서 물이 증발하고, 증발된 물이 다시 강을 통해 흘러들어오는 과정을 반복하면서] 순환하는 과정을 영원히 반복한다는 사실을 깨닫게 될 수도 있다. 이것은 플랑크톤의 '정상우주론'이라고 하겠다.

나아가 플랑크톤은, 해저가 오랜 세월에 걸쳐 이동하고, 바다의 모습도 계속 바뀌어 가고 있다는 사실도 깨닫게 되지 않을까. 그러면 결국 지구의 존재도 알게 되고, 마침내 지구가 형성된 시점이야말로 곧 우주의 시작이라고 믿게 되지 않을까. 지구가 만들어지던 초기에는 고온의 불덩어리 같은 모습이기도 했으니, 이런 관점은 곧 플랑크톤의 '빅뱅이론'이 된다. 그렇지만 지구가 우주 전체의 역사 속에서 어떻게 탄생했는지를 이해하기는 매우 힘든 일이 될 것이다.

우리가 우주의 시작에 대해서 생각하는 것도, 플랑크톤이 지구의 시작에 대해서 생각하는 것과 닮은 게 아닐까. 바다 한가운데라는 한정된 영역을 벗어나지 못하는 플랑크톤으로서는 지구가 어떻게 시작되었는지를 해명하는 것은 무척 난해한 작업이 될 수밖에 없다. 아무리 플랑크톤이 현명해도 바다 안에서 얻어진 정보만으로는 제한적일 수밖에 없다. 정보 부족이라는 척박한 환경에서 대담한 추측을 하다 보면, 엉뚱한 결론으로 이어지는 경우가 많다. 아무리 똑똑한 플랑크톤도 실제의 지구와는 조금도 닮지 않은 지구의 모습을 상상하고 있을지 모른다.

우리 인간도, 우주 속에서는 태양계 부근이라는 한정된 영역을 벗어나지 못하는 존재이다. 그런 제한 속에서, 우주가 어떻게 시작되었는지를 해명하려고 애쓰고 있다. 이것은 상당히 어려운 일일 수밖에 없다. 빅뱅이론은 충분한 정보를 토대로 구성된 것이지만, 빅뱅 이전에 일어난 일에 대해서는 정보가 엄청 부족한 실정이다. 지금 과학자들이 생각하고 있는 우주의 시작은, 매우 한정된 정보만으로 추측하는 상황이다.

우리 인간은, 아직 지구의 존재를 알아차리지 못한 플랑크톤과 비슷한 처지에 있는지도 모른다.

맺는말

 '우주의 시작'에 대해 이런저런 점들을 살펴보았는데, 즐거운 독서가 되었는지요. 다양한 이론들을 다뤄보았지만, 여전히 '우주의 시작'은 의문 투성일 수밖에 없습니다. 하지만 그런 의문들을 이해하려고 하는 것 자체만으로도 세계관이 넓어진다는 것을 알게 되셨다면, 필자로서는 더 할 수 없이 기쁜 일이 될 것입니다. 상식적인 사고로서 결코 풀 수 없는 수수께끼가 바로 '우주의 시작'입니다.

 우주론은 이전부터 특수한 연구 분야였습니다. 우주 전체를 탐구하는 것이 우주론이지만, 우주 전체라는 것은 과연 무엇인가. 그런 정의 자체가 확실하지 않은 상태로 연구가 진행돼 온 측면이 있습니다. 우주 전체라는 것은 시대에 따라 서로 다른 의미를 띠고 있습니다.

최초에는 천지가 우주 전체라는 의미였을 테고, 지동설이 나온 뒤에는 태양계와 별들로 이뤄진 세계가 우주 전체가 되었겠지요. 은하계가 발견되기 전에는, 별들은 무한히 펼쳐진 우주 공간에 점점이 흩어져 존재한다고 여겨졌습니다. 지금은 우리의 우주관이 크게 확장돼, 은하들이 점점이 흩어져서 존재하는 광활한 우주 공간을 우주 전체라고 생각하게 되었습니다.

옛날 사람들이 생각한 우주 전체는 매우 협소했다고 할 수 있습니다. 그러나 지금의 우리가 생각하는 우주 전체라는 것도 그것과 오십보백보가 아닐까요. 어쩌면 어디까지 가든 우주 전체가 무엇인지 밝혀지지 않을지도 모르지만, 우리 인간은 끝까지 추구하는 것을 멈추지 않겠지요. 우주에는 아직 우리가 밝혀내지 못한 놀라운 사실들이 많이 숨겨져 있으니까요. 그런 사실들을 하나씩 하나씩 발견해 나가다 보면 과연 무엇이 우리를 기다리고 있을까. 그런 것을 생각해보는 것만으로도 가슴이 두근거리지 않습니까.

우주론 분야에서는 최근 놀라운 발견들이 계속 이어지고 있습니다. 빅뱅우주론이나 우주의 전체 구조에 관한 직접적인 정보들이 관측을 통해 얻어지고 있습니다. 지금을 '정밀 우주론'의 시대라고 부르고 있듯이, 대략적인 추론에 의존하던 이전의 연구 스타일로부터 확연히 다른 모습으로 변했고, 계속 변화하고 있습니다.

특히 관측의 측면에서 눈이 휘둥그레질 정도의 발전이 이뤄지고 있습니다. 이런 관측 덕분에 우주가 가속 팽창을 하고 있다는 사실이 밝혀진 것은 물론이고, 우주에는 정체불명의 암흑에너지로 넘쳐나고 있다는 점, 빅뱅이론이 우주의 초기 상태를 정확도가 매우 높은 상태로 재현할 수 있다는 사실, 우주를 거시적으로 보면 전체적으로 평탄하며 휘어져 있지 않다는 사실 등도 알 수 있게 되었습니다. 또한 빅뱅이론이 다루는 시기보다 앞선 시기를 기술하는 인플레이션 이론이나 그것의 대체 이론 등에 대해, 어떤 이론이 옳은지를 관측으로 검증할 수 있게 되는데도 그다지 오랜 시간이 걸리지 않을 것으로 보입니다. 사실 인플레이션 이론을 설명하는 수많은 모델이 나왔지만, 대부분 모델이 관측 사실과는 어긋난다는 이유로 폐기되었습니다. 그렇다면 여태껏 살아남은 모델 중에서 마침내 올바른 모델이 나오게 되는 것일까요. 아니면 기존의 이론은 틀린 것으로 드러나면서 완전히 새로운 관점을 고안해내지 않으면 안 되게 되는 걸까요. 관측 기술의 발전에 힘입어, 오래지 않아 어떤 결론에 도달하게 될 수도 있을 것입니다.

2014년 3월 우주배경복사의 편광을 관측하고 있던 연구팀이 바이셉2[BICEP2, 중력파를 탐지하기 위해 남극 아문센-스콧 기지에 설치한 전파망원경. 일반 망원경에 비해 정밀도가 높고 편광신호까지 탐지한다. 남극에 설치한 까닭은 온도와 습도가 낮고 대기 불안정성도 가장 낮기 때문이다]의 관측 결과를 토대로, 우주 초기에서 온 중력파(초기 중력파 혹은 원시 중력파)의 흔적을 포착했다고 발표를 했습니다. 중력파란 공간의 요동(출렁임)이 파동 형태로 전달되는 현상으로서, 일찍이 일반상대성이론이 그 존재를 예측했습니다. 한편 인플레이션 이론은 우주 초기에 중력파가 발생한다고 예측했습니다. 따라서 이 관측 결과가 사실로 판정된다면, 인플레이션 이론이 옳다는 간접적인 증거가 될 수 있었습니다.

발표가 나온 뒤, 관측 결과를 해석하는 연구자들의 논문이 잇따랐습니다. 특히 새로운 관측 결과에 어울리는 초기 우주 모델에 관한 이론이 산더미처럼 발표됐습니다. 논문의 원고가 인터넷 사이트에 먼저 발표되었는데, 하루가 멀다 하고 새 논문이 올라올 정도였습니다. 다만, 이 연구팀의 관측 결과 해석에는 다소 의문스러운 점들이 있었고, 우주론의 데이터 해석에 정통한 연구자들 사이에서도 회의론이 싹트고 있었습니다.

그 후 관측팀의 최초 해석에서 간과되었던 [우주먼지 같은] 2차 효과가 밝혀지면서, 바이셉2가 정말로 초기 우주의 중력파를 포착한 것이 맞는지에 대해 큰 의문이 일게 되었습니다. 그렇게 되자 바이셉2 결과를 이론적으로 해석하려는 논문들이 급격히 줄어들었고, 그토록 열광적이던 분위기는 일거에 식어버렸습니다. 최종적으로 2015년 1월 30일, 바이셉2의 검증을 추진했던 국제연구팀은 초기 중력파를 포착했다고 한 최초의 발표가 잘못되었다고 공식적으로 인정했습니다 [한편 2016년 2월 캘리포니아 공과대학의 킵 손(Kip Thorne) 교수가 이끄는 연구팀이 중력파의 존재를 처음으로 확인했고, 킵 손 교수 등 3명은 이 업적을 인정받아 2017년 노벨물리학상을 받았다. 이들이 확인한 중력파는 초기 우주에서 나온 원시 중력파는 아니며, 지구로부터 13억 광년 떨어진 곳에서 쌍성계를 이루고 있던 두 개의 블랙홀이 충돌해 새로운 블랙홀이 되는 과정에서 생성된 것이다].

이 사건은 최첨단의 우주론 연구가 얼마나 아슬아슬한 조건 속에서 이뤄지고 있는지를 극명하게 보여줍니다. 세계 최초로 뭔가를 발표한다는 것은 간단한 일이 아닙니다. 전대미문의 발견에는 전대미문의 증거가 필요합니다. 새로운 발견은 늘 의심하는 눈으로 바라볼 것을 요구하며, 티끌만큼의 의심도 생기지 않을 때, 진실이 됩니다.

지금의 우주론은 새로운 관측 사실들이 잇따라 밝혀지고 있어 매우 박진감이 넘칩니다. 우주론에서 발견되는 새로운 사실이 과학 뉴스로도 자주 다뤄지고 있습니다. 하지만 연구의 최전선을 향해 가까이 다가갈수록 허와 실이 섞인 혼란스러운 상황도 목격하게 됩니다. 그런 혼란 속에서 비판적으로 충분히 검토가 이루어진 뒤에야 최종적으로 진실만이 살아남게 됩니다. 뉴스로 다뤄지는, 발견에 관한 제1보는 아직 그런 충분한 검토를 거치지 않은 상태이기 때문에 나중에 뒤집힐 수도 있습니다.

무엇이 진실인지를 끝까지 확인하기 위해서는 고도의 전문적인 지식과 풍부한 경험이 필요하지만, 가끔은 전문가조차도 오판하는 경우가 있습니다. 누구에게도 알려지지 않았다는 것은, 연구하는 당사자를 포함해 누구도 무엇이 진실인지 처음에는 알지 못하고 있다는 뜻입니다.

연구자도 인간이기 때문에 진실은 이랬으면 좋겠다는 선입관을 가집니다. 우주론에는 그런 선입관이 들어갈 여지가 큰 경향이 있습니다. 그런 선입관을 극복하고 우주의 진실을 밝히기 위해서는 허심탄회하게 우주를 응시하는 수밖에 없습니다.

앞으로 우주론이 더욱 발전하기를 독자 여러분도 응원해 주세요.

참고문헌

- 聖アウグスティヌス 著, 服部英次郎 譯,『告白』(上,下), 岩波文庫
- ジョン・ファレル 著, 吉田三千世 譯,『ビッグバンの父の眞實』, 日經BP社
- 大栗博司 著,『大栗先生の超弦理論入門』(ブルーバックス), 講談社
- レオナルド・サスキンド 著, 林田陽子 譯,『宇宙のランドスケープ』, 日經BP社
- 松原隆彦 著,『宇宙に外側はあるか』, 光文社新書
- スティーヴン・ホーキング, レナード・ムロディナウ 著, 佐藤勝彦 譯, 『ホーキング, 宇宙と人間を語る』, エクスナレッジ
- 松田卓也 著,『2045年問題』, 廣濟堂新書

- 中村元, 紀野一義 譯, 『般若心經・金剛般若經』, 岩波文庫
- Helge Kragh, "An anthropic myth: Fred Hoyle's carbon-12 resonance level", Arch. Hist. Exact. Sci. (2010) 64:721-751
- John A. wheeler, "Information, physics, quantum: The search for links", in Complexity, Entropy, and the Physics of Information, SFI Studies in the Sciences of Complexity, vol. Ⅷ, ED. W. H. Zurek, Addison-Wesley, 1990
- S.W.Hawking and T.Hertog, "Populating the Landscape: A Top Down Approach", Phys. Rev. D73(2006) 123527

우주는 어떻게 시작됐는가

2022년 2월 20일 1판1쇄 펴냄

지은이	마쓰바라 다카히코
옮긴이	원회영
펴낸인	이영기
디자인	첫번째별 디자인

펴낸곳	리가서재
주 소	경기도 고양시 일산서구 대산로 263
등록번호	제2021-000123호
전 화	070-8289-2484
팩 스	0504-274-2484
이메일	ligabooks@naver.com

ISBN	ISBN 979-11-976481-2-0
	ISBN 979-11-976481-1-3 (세트)
정 가	14,000원

*이 책의 판권은 지은이와 리가서재에 있습니다. 이 책 내용의 전부 또는 일부를 재사용하려면 반드시 지은이와 리가서재 양측의 동의를 받아야 합니다.

UCHUWA DOSHITE HAJIMATTANOKA by Takahiko Matsubara
Copyright©Takahiko Matsubara, 2015
All rights reserved.
Original Japanese edition published by Kobunsha Co., Ltd.

Korean translation copyright©2022 by Liga Books
This Korean edition published by arrangement with Kobunsha Co., Ltd., Tokyo, through HonnoKizuna, Inc., Tokyo, and AMO AGENCY

이 책의 한국어판 저작권은 아모 에이전시를 통해 저작권자와 독점 계약한 리가서재에 있습니다. 저작권법에 의해 한국 내에서 보호를 받는 저작물이므로 무단 전재와 무단 복제를 금합니다.

COSMOS STORY 1

우주는
어떻게
시작됐는가